U0287565

金沙江金沙水电站
鱼道关键技术与实践

鄢双红 牟 俊 何 林 朱世洪 等 著

科学出版社

北京

内 容 简 介

  本书对长江干流上兴建的第一座鱼道——金沙江金沙水电站鱼道的勘察设计研究关键技术进行系统总结。全书共 8 章，首先介绍金沙水电站鱼道工程建设的背景，在充分调研金沙水电站河段鱼类资源及生态习性并开展鱼类游泳能力试验的基础上，结合流域规划、水文及工程地质情况，开展鱼道工程多专业设计工作，并介绍鱼道工程实施过程的技术细节。书中针对鱼道设计方案进行水力学研究，监测并分析鱼道运行后的过鱼效果，以验证鱼道设计的合理性和有效性。

  本书可供国内外从事水利工程和环境保护专业的勘察、设计、科研、施工及管理人员使用，也可供有关高校相关专业师生参考。

图书在版编目（CIP）数据

金沙江金沙水电站鱼道关键技术与实践 / 鄢双红等著. -- 北京：科学出版社，2024.11. -- ISBN 978-7-03-080358-0

Ⅰ. TV74；S956

中国国家版本馆 CIP 数据核字第 20245TN938 号

责任编辑：闫　陶/责任校对：刘　芳
责任印制：彭　超/封面设计：无极书装

科 学 出 版 社 出版

北京东黄城根北街 16 号
邮政编码：100717
http://www.sciencep.com

武汉精一佳印刷有限公司印刷
科学出版社发行　各地新华书店经销

*

开本：787×1092　1/16
2024 年 11 月第 一 版　　印张：14 1/4
2024 年 11 月第一次印刷　　字数：334 000
定价：218.00 元
（如有印装质量问题，我社负责调换）

前　言

金沙水电站为低水头河床式电站，坝址位于金沙江干流中游末端的攀枝花江段，是2022 年国务院批复的《长江流域综合规划（2012～2030）》金沙江中游河段九级开发方案中的第八级，开发任务为发电，兼有供水、改善城市水域景观和取水条件及对观音岩水电站的反调节作用等。枢纽为 II 等大（2）型工程，主要由挡水、泄洪、生态泄水、电站厂房和鱼道等建筑物组成。

攀枝花江段是江河平原区鱼类与高原区鱼类的过渡区段，有记载的鱼类 149 种，其中长江上游特有鱼类 52 种。金沙水电站的建设，阻隔了河流连续性，须建设过鱼设施以减缓工程建设对鱼类洄游的阻隔影响。

金沙水电站鱼道需要通过的过鱼目标种类较多，各种鱼类的生态习性也不相同，其能够克服的水流流速也存在较大差异，确定鱼道设计流速非常困难；鱼道池室内部及进出口附近流场能否满足诱鱼和鱼类上溯要求也直接影响鱼道工作效率；金沙水电站鱼道工程工作条件复杂，下游水位最大变幅达 6 m，不同工况下鱼道水力学特征差异巨大，进口设计难度较大。

本书在充分调研金沙水电站河段鱼类资源及生态习性并开展鱼类游泳能力试验的基础上，结合流域规划、水文及工程地质情况，开展鱼道工程多专业设计工作，并介绍鱼道工程实施过程的技术细节，可为今后同类型工程鱼道设计提供参考。

本书第 1 章由牟俊、鄢双红撰写，第 2 章由何林、黎贤访、王改会、刘培培撰写，第 3 章由黄刚、王翔撰写，第 4 章由朱世洪、陈仁峰、谢颖涵撰写，第 5 章由鄢双红、牟俊、朱世洪撰写，第 6 章由何林、黎贤访、王改会撰写，第 7 章由鄢双红、姚勇强、黄刚撰写，第 8 章由朱世洪、陈仁峰、黎贤访撰写。全书由朱世洪、黎贤访统稿，由鄢双红、牟俊审定。

本书的出版得到多家单位和多位专家的大力支持，特别是在编写过程中得到李迎喜、蒋筱民等教授级高级工程师的审稿指导，在此表示衷心的感谢！谨以此书献给所有参与和关心金沙水电站鱼道工程的研究、论证和建设的单位、专家、学者，并向他们致以崇高的敬意与衷心的感谢！

限于编者水平和经验，本书疏漏之处在所难免，敬请同行专家和广大读者赐教指正。

作　者

2023 年 9 月 28 日于武汉

目 录

第 1 章

绪 论

1.1 工 程 简 介

金沙水电站位于金沙江干流中游末端的攀枝花河段上，该河段范围从观音岩水电站坝址至乌东德水电站库尾，天然河道长 57.00 km，落差 38.00 m，平均比降 0.69‰。河段内金沙江由西至东横贯整个攀枝花市区，区间流域面积约 13.21 万 km²。

金沙水电站上距观音岩水电站坝址 28.90 km，下距攀枝花中心城区（攀枝花水文站断面）10.30 km，下距银江水电站坝址 21.30 km。控制流域面积 25.89 万 km²，多年平均流量 1 860 m³/s，年径流量 588 亿 m³。水库正常蓄水位为 1 022.00 m，死水位 1 020 m，校核洪水位为 1 025.30 m，相应总库容为 1.08 亿 m³，电站装机容量 560 MW，多年平均发电量为 25.07 亿 kW·h。

根据攀枝花河段开发需要和金沙水电站工程所处的地理位置及开发条件，金沙水电站开发任务为发电，兼有供水、改善城市水域景观和取水条件及对观音岩水电站的反调节作用等。

金沙水电站枢纽主要由挡水、泄洪、生态泄水、电站厂房和鱼道等建筑物组成，从左岸至右岸依次为：左岸非溢流坝段（含鱼道）、安装场坝段、河床式电站厂房、河床表孔溢流坝段、纵向围堰坝段、右岸表孔溢流坝段、生态放水孔坝段、右岸非溢流坝段，共 15 个坝段，坝轴线长 392.50 m。

大坝采用混凝土重力坝，坝顶高程 1 027.00 m，最大坝高 66.00 m。坝身布置 5 个泄洪表孔和 1 个生态泄水孔。5 个表孔分两区布置，孔口尺寸为 14.5 m×23 m（宽×高），纵向围堰坝段以左布置 3 孔，纵向围堰坝段以右的导流明渠内布置 2 孔。泄洪表孔和生态泄水孔均采用底流消能。

电站厂房形式为河床式，布置于河道偏左岸，安装 4 台 140 MW 水轮发电机，单机引用流量 938 m³/s。电站建筑物包括拦沙坎、引水渠、机组段、安装场、尾水渠、排沙孔及进厂交通公路等。

鱼道布置在电站厂房左岸边坡上，设有 3 个进鱼口和 2 个出鱼口，全长约为 1 486 m。

主要包括：鱼道主体结构（进鱼口、过鱼池、出鱼口）、厂房集鱼系统及补水系统等。

金沙水电站为 II 等大（2）型工程。永久性主要建筑物包括挡水、泄洪、电站及鱼道过坝段等为 2 级建筑物；永久性次要建筑物及鱼道（鱼道过坝段除外）其他部分为 3 级建筑物。混凝土坝、泄洪建筑物及电站建筑物洪水标准按 100 年一遇洪水设计，1 000 年一遇洪水校核；消能防冲建筑物按 50 年一遇洪水设计（附表）。

1.2 建 设 历 程

金沙江干流是我国重要水电能源基地和水资源战略地。为合理开发利用金沙江水能资源，国务院 1990 年批复的《长江流域综合利用规划简要报告（一九九〇年修订）》（以下简称《长江规》）明确，金沙江干流按中游五级、下游四级方案开发，其中，中游河段最下一级为攀枝花上游的观音岩电站，下游河段最上一级为乌东德电站。

原国家计划委员会 2003 年批复的《金沙江中游河段水电规划报告》（以下简称《金沙江中游规划》）明确，金沙江中游按"一库八级"方案开发，即龙盘—两家人—梨园—阿海—金安桥—龙开口—鲁地拉—观音岩，并指出："观音岩坝址至雅砻江口河段尚有落差 38 m，因涉及沿江两岸攀枝花诸多建筑物、工厂及市政设施的搬迁，不宜布置较高梯级。今后可酌情研究分级低水头开发的可能性和合理性"。

2007 年，四川省发展和改革委员会安排攀枝花组织开展金沙江攀枝花河段的水电规划工作。2009 年 2 月，长江勘测规划设计研究有限责任公司（以下简称长江设计公司）编制完成《金沙江攀枝花河段水电规划报告》，推荐该河段采用金沙＋银江两级开发方案。同年 5 月通过水电水利规划设计总院（以下简称水电总院）审查。2010 年 6 月 1 日，国家发展和改革委员会下发了《国家发展改革委办公厅关于金沙江攀枝花河段水电规划报告的复函》（发改办能源〔2010〕1313 号），同意金沙江攀枝花河段按金沙和银江两级方案开发。

2012 年，国务院以国函〔2012〕220 号文批复了《长江流域综合规划（2012～2030）》，该报告推荐金沙江中游河段 9 级开发方案，即虎跳峡河段梯级—梨园—阿海—金安桥—龙开口—鲁地拉—观音岩—金沙—银江。

长江设计公司于 2006 年 7 月对金沙江金沙水电站坝址进行了查勘，2006 年 10 月，地质、钻探、测量、水文等专业人员正式开展金沙水电站规划阶段的现场外业工作。

2010 年 6 月，长江设计公司编制完成《金沙江金沙水电站预可行性研究报告》，并于同年 7 月通过审查，之后开展了可行性研究阶段的勘察设计工作，先后完成了《金沙江金沙水电站可行性研究阶段正常蓄水位选择专题报告》《金沙江金沙水电站施工总布置规划专题报告》《金沙江金沙水电站防震抗震研究设计专题报告》《金沙江金沙水电站工程环境影响报告书》《金沙江金沙水电站建设征地移民安置规划报告》等的编制和审批。

2015 年 9 月，《金沙江金沙水电站可行性研究报告》通过审查。2016 年 8 月，国家发展和改革委员会以发改能源〔2016〕1738 号文，正式核准金沙水电站建设。

2015 年 11 月，金沙水电站正式开工建设；2016 年 9 月主体工程正式开工；2016 年 12

月下旬，实现大江截流；2019 年 11 月 28 日，三期导流明渠截流成功；2020 年 11 月 30 日，首台机组投产发电；2021 年 10 月 9 日，4 台机组全部投产发电，工程全面建成。

1.3 过鱼设施

1.3.1 过鱼设施必要性

金沙水电站的建设运行将改变库区及坝下局部河段的原有水文水力学条件，阻断鱼类上溯洄游的通道。完整的河流环境被分割成不同的片段，鱼类生境的片段化和破碎化导致大小不同的异质种群形成，种群间基因不能交流，各个种群的遗传多样性降低，导致种群灭绝的概率增加，对坝上、下游鱼类的遗传交流带来不利的影响。

根据《中华人民共和国渔业法》第四章第三十二条规定，"在鱼、虾、蟹洄游通道建闸、筑坝，对渔业资源有严重影响的，建设单位应当建造过鱼设施或者采取其他补救措施"。

2006 年 1 月 9 日原国家环境保护总局办公厅下发了《关于印发水电水利建设项目水环境与水生生态保护技术政策研讨会会议纪要的函》（环办函〔2006〕11 号），会议纪要要求"在珍稀保护、特有、具有重要经济价值的鱼类洄游通道建闸、筑坝，须采取过鱼措施。对于拦河闸和水头较低的大坝，宜修建鱼道、鱼梯、鱼闸等永久性的过鱼建筑物；对于高坝大库，宜设置升鱼机，配备鱼泵、过鱼船，以及采取人工网捕过坝措施。"

金沙水电站的建设，阻隔了河流连通性，导致河流开放、连续的系统在能量流动、物质循环及信息传递等方面发生一系列的改变，使生活其中的鱼类生存所需的生境条件、水文情势发生变化，最终对鱼类资源产生影响。洄游或鱼类其他活动可能被延迟或终止，鱼类生境破碎化，导致鱼类种群遗传多样性下降和经济鱼类品质退化等。因此，为了促进坝上、下游鱼类的遗传交流，保护河段鱼类资源，特别是保证洄游性鱼类的繁殖和自然种苗的及时补充，恢复河流生物多样性，须建设过鱼设施，以减缓工程建设对鱼类洄游的阻隔影响。

根据已有调研资料和对攀枝花地区鱼类资源初步定性分析，金沙水电站鱼道需要通过的过鱼对象种类较多，各种鱼类的生态习性也不相同，其能够克服的水流流速也存在较大差异，确定鱼道设计流速非常困难。仅根据目前对鱼类资源的定性分析，难以满足科学确定鱼道设计流速的要求，可能影响关键鱼类通过效率或造成鱼道投资浪费，也相应增加了鱼道工程实施的难度。因此，为兼顾鱼道的可通过性和有效控制工程量，有必要通过调查及试验研究手段，了解研究本工程河段鱼类的种类资源特征，明确过鱼对象生态习性，确定关键物种克流能力，为鱼道水力学设计提供科学准确可用的具体参数。

另外，鱼道池室内部及进出口附近流场能否满足诱鱼和鱼类上溯要求也直接影响鱼道工作效率。本工程鱼道工作条件复杂，下游水位变幅达 6 m，不同工况下鱼道水力学特征差异巨大，进口设计难度较大。有必要通过水力学数值计算及物理模型试验对各工况鱼道沿程流速、进出口流场等关键水力学参数进行模拟，科学选择进口数量及高程，并检验水力学指标是否达到设计要求。鱼道水力学设计中需确保鱼道进口、出口的位置和数量能够适应上、下游水位的变幅，并存在适宜鱼类上溯感应的适宜流场，为鱼道的设计及有效运行提供依据。

1.3.2 过鱼设施关键技术

（1）鱼类资源及生态习性研究。通过资料分析、野外调研和现场试验，对鱼类种群进行分类整理，从中筛选出金沙江攀枝花江需重点保护的过鱼对象。对重点过鱼对象通过江段的时间、个体大小、种群规模、行为学规律等生活习性进行研究，确定主要过鱼对象及其生物学特征和生态习性，为鱼道设计提供必需的鱼类生态学资料。

（2）主要过鱼对象游泳能力研究。通过测试游泳能力，获得主要过鱼对象的趋流特性、克流能力等关键指标，确定鱼道内部、进口、出口等关键部位的流速设计范围。

（3）鱼道关键部位水力学试验研究。通过水工局部模型及整体模型，对鱼道下游进口和上游出口区域环境流场进行研究。并对不同鱼道池式宽度、长宽比条件下的鱼道流速分布、流场、紊动能等关键水力学指标进行研究。结合金沙鱼道下游水位变幅大，不同水位各进口工作水流条件差异巨大的特点，开展补水系统模型研究。为鱼道池室、补水系统等鱼道关键部位的优化提供依据，确定鱼道进出口布置位置及个数，明确各进口的工作条件及补水要求；确定鱼道池室长度、宽度、隔板形式及底坡坡比等特征参数，验证不同鱼道池式结构（不同宽度及长宽比）的合理性。

（4）鱼道专项设计。根据可研报告审查意见结合鱼类资源调查及水力学模型试验成果，对鱼道池室长度、宽度、深度、竖缝宽度、休息池及底坡等主要结构及特征尺寸进行优化，并对优化后的体形进行数值计算，对鱼道池式结构、进出口布置及补水系统进行优化。

第2章

工程背景概况

2.1 流域概况

金沙江流域（含沱沱河、通天河）地处我国青藏高原、横断山区、云贵高原及四川盆地西部边缘，位于东经 $90°23'\sim104°37'$，北纬 $24°28'\sim35°46'$，跨越青海、西藏、四川、云南、贵州五省（区），从源头至宜宾干流全长 3 500 km，总落差 5 100 m，分别占长江全长的 55.5%和干流总落差的 95%，平均比降 1.2‰，金沙江宜宾以上集水面积约 50 万 km^2。流域地势西高东低，由西北逐渐向东南倾斜。流域地形绝大部分属山区，占流域面积的 93.10%，丘陵区、平原区、湖泊及其他分别占 0.61%、5.89%、0.40%。

金沙江从巴塘河口流至藏曲口后转向南，与横断山脉平行，至石鼓后成一急弯流向东北，为"长江第一弯"。至三江口后流向急转向南，过金江街后折向东，在攀枝花水文站下游约 15 km 处，雅砻江由左岸汇入，流向折向南，在云南元谋纳入龙川江，折向东，沿途纳入勐果河、普隆河、鲹鱼河、普渡河、牛栏江、横江等支流，至四川宜宾与岷江汇合后，进入川江河段。

金沙江干流水电开发以石鼓和攀枝花为界，分为上、中、下三段。直门达至石鼓为金沙江上游段，区间流域面积 7.65 万 km^2，河段长 984 km，河道平均比降 1.75‰；石鼓至攀枝花为金沙江中游段，区间流域面积 4.5 万 km^2，河段长 564 km，河道平均比降 1.48‰；攀枝花至宜宾为金沙江下游段，区间流域面积 21.4 万 km^2，河段长 768 km，河道平均比降 0.93‰。

金沙江水力资源极其丰富，主要集中在干流河段。据 2003 年全国水力资源复查成果，金沙江干流及中小河流水力资源理论蕴藏量约 78 210 MW，技术可开发量约 82 700 MW，经济可开发量约 70 100 MW。金沙江干流水力资源开发条件较为优越，是我国最大的水电能源基地。

金沙水电站位于金沙江干流中游末端攀枝花河段，坝址集水面积约为 25.89 万 km^2。金沙水电站上距观音岩水电站约 28.9 km，下距银江水电站约 21.3 km。

攀枝花河段位于金沙江中下游交界处，范围从观音岩水电站坝址至乌东德水电站库尾（雅砻江汇合口下游三堆子水文站附近），天然河道长 57 km，天然落差 38 m，平均比降 0.69‰。该河段内金沙江由西至东横贯整个攀枝花市区，区间流域面积约 13.21 万 km^2，水力资源理论蕴藏量约 700 MW（不含雅砻江流域）。

2.2　攀枝花河段规划

为综合治理金沙江和开发利用其水资源，20 世纪 50 年代以来，有关单位先后开展了大量的前期工作。早在 1960 年，水利部长江水利委员会（以下简称长江委）编制的《金沙江流域规划意见书》中，提出金沙江中下游河段按 8 级开发，攀枝花河段上下游衔接梯级分别为观音岩（半边街坝址、现金沙坝址附近，正常蓄水位 1 150 m）和乌东德（鲁拉戛坝址，正常蓄水位 995 m）。

1970 年 7 月 1 日，成昆铁路建成通车，其中部分路段位于乌东德库区且高程较低，铁路轨顶最低点高程 957.12 m。为此，在《长流规》中，推荐金沙江干流攀枝花河段上游仍为观音岩梯级、下游为乌东德梯级，并认为"乌东德枢纽为了不淹没成昆铁路及攀枝花市区，由原规划的正常蓄水位 995 m 降到 950 m，其库水位不能与观音岩枢纽尾水相衔接，回水末端与攀枝花尚距 75 km，下一步需研究攀枝花河段的开发治理方案。"全国水资源与水土保持工作领导小组主持对该报告进行了审查，后经几次修改和完善上报国务院，国务院以《关于长江流域综合利用规划简要报告的审查意见》（国发〔1990〕56 号）文批转了该报告的审查意见。

1992 年，在水电总院的组织下，原中国电建集团昆明勘测设计研究院（以下简称昆明院）和原中国电建集团中南勘测设计研究院（以下简称中南院）共同承担了金沙江中游河段水电规划工作，并于 1999 年 12 月编制完成了《金沙江中游规划》。该报告推荐中游河段按"一库八级"方案进行开发，观音岩梯级为最下一级，并指出："观音岩坝址至雅砻江口河段尚有落差 38 m，因涉及沿江两岸攀枝花诸多建筑物、工厂及市政设施的搬迁，不宜布置较高梯级。今后可酌情研究分级低水头开发的可能性和合理性"。2002 年 4 月，原国家计划委员会主持召开了该报告审查会，并以《关于印发"金沙江中游河段水电规划报告"审查意见的通知》（计办基础〔2003〕37 号）批准了该水电规划报告。

随着国家"西部大开发"和"西电东送"战略的实施，在《长流规》和《金沙江中游规划》的指导下，有关建设单位加快了金沙江中下游水电梯级的前期工作和开发进程。随着攀枝花河段上、下游梯级的开发规模基本确定，攀枝花河段的开发方案研究也随即开展。

结合改善攀枝花城市环境和综合整治要求，在不影响上下游已有水电梯级布局的情况下，按照《长流规》和《金沙江中游规划》的有关要求，四川省发展和改革委员会安排攀枝花开展该河段水电规划，长江设计公司承担了该项具体工作。

2009 年 2 月，长江设计公司编制完成《金沙江攀枝花河段水电规划报告》，推荐该河段采用金沙（正常蓄水位 1 021 m）＋银江（正常蓄水位 998.5 m）两级开发方案。2009 年 5 月 20 日，水电总院以"水电规划〔2009〕54 号"文下发了《关于印送〈金沙江四川攀枝花河段水电规划报告审查意见〉的函》，审查意见"基本同意金沙江四川攀枝花河段推荐金沙和银江两级开发方案，同意金沙梯级作为近期工程开发。"2010 年 6 月 1 日，国家发展和改革委员会下发了《国家发展改革委办公厅关于金沙江攀枝花河段水电规划报告的复函》(发改办能源〔2010〕1313 号),同意《金沙江攀枝花河段水电规划报告》及审查意见。

2009 年 12 月,长江委提出了《长江流域综合利用规划(2009 年修订)(送审稿)》,其中金沙江中下游石鼓至宜宾河段拟定虎跳峡、梨园、阿海、金安桥、龙开口、鲁地拉、观音岩、金沙、银江、乌东德、白鹤滩、溪洛渡、向家坝等十三级梯级开发方案。2010 年 2 月报告通过水利部组织的专家审查,2010 年 10 月通过了中国国际工程咨询有限公司(以下简称中咨公司)的评估,2011 年 9 月通过了水利部和原环境保护部联合组织的流域综合规划修编环境影响评价专家论证,2011 年 11 月 7 日,水利部在北京组织召开了流域综合规划修编部际联席会议,经过反复协调修改,2011 年 11 月完成了《长江流域综合规划(2012~2030 年)》。2012 年 12 月,国务院以"国函〔2012〕220 号"文对《长江流域综合规划(2012~2030 年)》进行了批复。

2.3 流域水电规划及开发现状

在规划的金沙江中游河段 9 级方案中:即虎跳峡河段梯级—梨园水电站—阿海水电站—金安桥水电站—龙开口水电站—鲁地拉水电站—观音岩水电站—金沙水电站—银江水电站,虎跳峡河段梯级尚在进行前期工作;梨园水电站环境影响评价报告于 2012 年 1 月获原环境保护部批复,2013 年 1 月通过国家发展和改革委员会核准,同年 9 月开工建设,2014 年年底首台机组投产发电;阿海水电站于 2011 年 1 月通过国家发展和改革委员会核准,同年 2 月正式开工建设,2014 年 6 月建成发电;金安桥水电站 2010 年 7 月通过国家发展和改革委员会核准,2011 年 3 月并网发电;龙开口水电站 2012 年 2 月获国家发展和改革委员会核准开工建设,2014 年 1 月建成发电;鲁地拉水电站 2012 年 1 月获国家发展和改革委员会核准开工建设,2014 年 11 月建成发电;观音岩水电站 2012 年 5 月获国家发展和改革委员会核准开工建设,2014 年 11 月下闸蓄水,2016 年 5 月投产发电。金沙水电站 2016 年 8 月获国家发展和改革委员会核准开工建设。金沙江中游河段规划各梯级电站基本情况详见表 2.3.1。

2.4 水文及气象

2.4.1 水文基本资料

金沙江中下游干流河段有石鼓、金江街、攀枝花、三堆子、华弹和屏山 6 个水文站。观音岩至金沙坝址的主要支流为新庄河,新庄河上设有石龙坝水文站,观音岩上游支流泡江上设有地索水文站。另外,金沙坝址河段设有老库滩和新庄专用水位站。

表 2.3.1　金沙江中游河段规划各梯级电站主要指标表

项目	电站名称									
	龙盘	两家人	梨园	阿海	金安桥	龙开口	鲁地拉	观音岩	金沙	银江
建设地点	云南玉龙与香格里拉	虎跳峡下游 2 km	云南玉龙与香格里拉	云南省玉龙与宁蒗	云南丽江	云南鹤庆	云南永胜与宾川	云南华坪、四川攀枝花	四川攀枝花	四川攀枝花
流域面积/(万 km²)	—	21.84	22	—	—	—	—	25.65	25.89	25.98
多年平均流量/(m³/s)	—	1 400	—	—	—	—	—	1 890	1 870	1 870
正常蓄水位/m	2 010	—	1 618	1 504	1 418	1 298	1 223	1 134	1 022	998.5
死水位/m	—	—	1 602	—	—	1 290	1 216	1 126	1 020	998
总库容/亿 m³	374	74.2	—	8.85	9.13	5.44	17.18	22.5	1.08	0.62
调节库容/亿 m³	284	—	—	2.38	3.46	1.13	3.76	3.83	0.112	0.018
防洪库容/亿 m³	—	—	—	—	—	1.3	—	—	—	—
库容系数/%	0.64	—	—	—	—	—	—	—	0.19%	—
水库调节性能	多年调节	无	周调节	日调节	周调节	日调节	周调节	周调节	日调节	日调节
死库容/亿 m³	—	—	—	—	—	—	—	—	0.738	—
装机容量/MW	4 200	3 000	2 400	2 000	2 400	1 800	2 160	3 000	560	390
保证出力/MW	1 081	1 081	1 103	—	473.7	—	946.5	1 392.8	207	172.4
发电量/(亿 kW·h)	—	114.38	107.03	79.07	110.43	74	99.57	122.4	25.07	18.34

注：原国家计划委员会 2003 年批复的《金沙江中游河段水电规划报告》明确，金沙江中游按"一库八级"方案开发，即龙盘、两家人、梨园、阿海、金安桥、龙开口、鲁地拉、观音岩。2010 年，国家发展和改革委员会同意《金沙江攀枝花河段水电规划报告》，在观音岩下游攀枝花增加金沙、银江两级水电站。长江流域综合规划中指出金沙江中游水电规划中提出 10 级开发方案中的两家人梯级，对生态环境和景观有所影响，应进一步研究论证

1978 年，由长江委水文局（原长江流域规划办公室水文处）组织有关设计院、四川水文部门的专家和代表，对金沙江石鼓、金江街、攀枝花、华弹（巧家）、屏山与雅砻江小得石等 6 站 1978 年以前水位、流量资料进行全面复核和整理。金沙江石鼓、金江街、攀枝花（渡口）等站 1978 年以前实测流量资料和插补延长流量资料，于 1978 年 10～12 月在武汉审查通过，可作为金沙水电站的设计依据。

2008 年 12 月，中国水利水电建设工程咨询公司在北京主持召开金沙江攀枝花河段金沙、银江水电梯级水文泥沙设计成果咨询会议，根据咨询意见，金沙水电站 1978 年以后的径流采用攀枝花水文站实测径流成果。

2.4.2　气象

金沙江流域基本上属高原气候区，流域跨越了 14 个经度、11 个纬度，海拔高度相差 4 000 余米，自北向南可分为高原亚寒带亚干旱气候区、高原亚寒带湿润气候区、高原温带湿润气候区和暖温带气候区。攀枝花河段属暖温带气候区。

攀枝花河段处于干热河谷地带，全年分为干湿两季。干季为冬春季节，主要受青藏高原南支西风环流的影响，天气晴朗干燥，降水少，蒸发量大；湿季为夏秋季节，西南暖湿气团加强，沿河谷溯源入侵，形成降水，故汛期雨量最多，强度大。

攀枝花河段设有攀枝花国家基本气象站，高程 1 193 m，有 1977 年以来的气象观测资料。据攀枝花气象站 1977～2010 年气象资料统计（表 2.4.1），多年平均气温 20.9 ℃，历年最高气温 40.4 ℃，历年最低气温 0.4 ℃，多年平均降水量 845.7 mm，多年平均蒸发量为 2 033.9 mm，历年实测年最大风速为 18.3 m/s，攀枝花水文站观测水温项目，据该站 1966～2010 年水温资料统计，多年平均水温为 15.4 ℃。

表 2.4.1　攀枝花气象要素统计表

项目	1 月	2 月	3 月	4 月	5 月	6 月	7 月	8 月	9 月	10 月	11 月	12 月	多年平均
平均气温/℃	13.6	17.0	21.2	24.4	26.0	26.1	25.5	24.9	22.8	20.2	16.2	13.0	20.9
最高气温/℃	29.2	32.5	35.9	38.5	40.4	39.8	38.8	36.1	35.1	33.5	30.5	28.1	40.4
最低气温/℃	2.2	3.6	4.9	8.7	10.6	15.5	15.9	15.6	10.9	9.5	3.3	0.4	0.4
平均降水量/mm	6.3	3.9	7.7	12.3	53.2	142.6	230.0	178.8	138.5	55.8	15.1	1.7	845.7
平均蒸发量/mm	111.7	160.4	256.4	293.5	273.5	211.0	165.6	155.6	124.4	111.4	90.1	80.1	2 033.9
一日最大降水量/mm	15.4	19.1	24.5	26.6	39.8	156.4	117.7	121.4	97.3	50.8	22.4	22.5	156.4
平均相对湿度/%	50	39	33	36	47	62	71	72	74	71	67	63	57
平均风速/（m/s）	1.0	1.6	2.0	2.0	1.9	1.7	1.3	1.2	1.2	1.1	0.8	0.7	1.4
最大风速/（m/s）	10.0	18.3	14.0	16.0	17.3	16.3	17.7	17.0	14.7	12.0	15.0	12.0	18.3
最大风速相应风向	ENE、WSW	WNW	WSW、WNW	SWW	SSE	NW	SSW	SSE	SE	WSW	E	SE	WNW
平均地温/℃	14.0	18.3	23.7	28.7	31.0	30.0	28.7	27.8	25.7	22.9	18.0	13.8	23.6
平均水温/℃	9.9	11.9	14.7	17.2	19.0	20.3	20.3	20.2	18.9	16.8	13.0	10.5	15.4

2.4.3 径流

金沙江流域的径流主要来源于降水，上游地区有部分融雪补给。流域内的径流分布与降水的分布相应，年内分配不均。

可研阶段金沙坝址径流采用攀枝花站 1953～2011 年径流系列共计 59 年，系列中 1953～1965 年 6 月流量由石鼓站插补；1978 年以后的径流直接采用攀枝花站实测径流成果。金沙坝址多年平均流量为 1 860 m^3/s，平均径流量 588.2 亿 m^3，径流主要集中在 6～11 月，占全年的 80.5%。流域具有一定的调蓄能力，枯期径流较为稳定。径流年际变化不大，攀枝花站的 C_v 值约为 0.17。

由于金沙水电站坝址上游，2013～2016 年投产运行的电站有 6 座（梨园、阿海、金安桥、龙开口、鲁地拉、观音岩水电站），这些水电工程拦截泥沙和调节径流洪水，改变了天然情况下的水流泥沙过程，并增加枯季径流。2020 年水库蓄水阶段复核时，对 2011～2018 各水库径流调蓄进行了径流还原计算，将金沙坝址径流系列延至 2018 年，金沙坝址多年平均流量为 1 860 m^3/s，径流主要集中在 6～11 月，占全年的 80.1%。在此基础上，将金沙坝址径流系列延至 2021 年，金沙坝址多年平均流量为 1 860 m^3/s，径流主要集中在 6～11 月，占全年的 80.2%，各月及多年平均径流分配见表 2.4.2。

表 2.4.2　金沙水电站坝址多年平均年、月径流表（2022 年复核）

项目	1 月	2 月	3 月	4 月	5 月	6 月	7 月	8 月	9 月	10 月	11 月	12 月	多年平均
流量/（m^3/s)	657	579	565	696	1 067	1 915	3 777	4 391	4 054	2 430	1 299	845	1 860
径流量/（亿 m^3)	17.6	14.1	15.1	18.0	28.6	49.6	101.1	117.6	105.1	65.1	33.7	22.6	588.2
百分比/%	3.0	2.4	2.6	3.1	4.8	8.4	17.1	20.0	17.9	11.1	5.7	3.9	100

2022 年复核金沙坝址设计年径流，采用 $P\text{-}III$ 型曲线适线确定参数，年径流参数的确定综合考虑了上下游站协调，设计年径流成果见表 2.4.3 和图 2.4.1。

表 2.4.3　金沙水电站坝址年径流设计成果表

阶段	项目	统计参数			设计值			
		均值	C_v	C_s/C_v	10%	50%	90%	98%
本次复核	年平均流量/（m^3/s)	1 860	0.17	2.0	2 270	1 840	1 470	1 270
	年径流量/（亿 m^3)	588	0.17	2.0	719	582	464	401
可研阶段	年平均流量/（m^3/s)	1 870	0.17	2.0	2 290	1 850	1 490	1 280
	年径流量/（亿 m^3)	590	0.17	2.0	722	584	470	404

本次复核成果与可研阶段成果比较，两成果相近，不同频率设计值误差小于 1.4%。

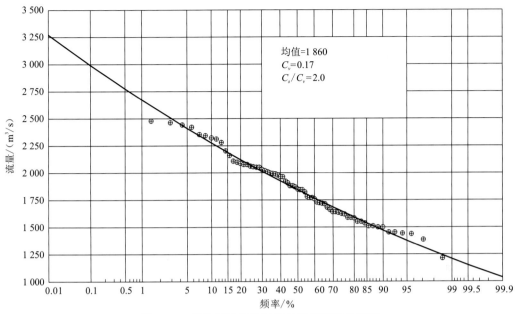

图 2.4.1　攀枝花站设计年平均流量频率曲线图

2.4.4　洪水

1. 可研阶段设计洪水

可研阶段攀枝花水文站洪水系列样本由 1924 年历史洪水和经插补延长后的 1953～2011 年实测洪水系列组成。1924 年历史洪水的 24 h、3 d、7 d 洪量由峰量相关线插补，不插补 1924 年历史洪水的 15 d 洪量系列。攀枝花河段调查的 1924 年洪水，洪峰流量为 13 800 m³/s，考证为 1863 年以来的第二大洪水，重现期为 74 年。

考虑 1924 年历史洪水，经验频率采用下式计算：

$$P_M = \frac{M}{N+1} \times 100\%$$

为避免末位历史洪水的经验频率与实测首位洪水经验频率重叠，根据《水电工程设计洪水计算规范》（NB/T 35046—2014），实测系列的经验频率采用如下公式计算：

$$P_M = P_{Ma} + (1 - P_{Ma})\frac{m}{n+1}$$

式中：P_M 为历史洪水第 M 项的经验频率；M 为历史洪水序位（$M=1$、2、…、a）；N 为历史洪水考证期；P_{Ma} 为末位历史洪水经验频率；m 为实测洪水序位；n 为实测洪水系列项数。

按矩法计算参数均值 $\overline{X}$、C_v 初估值，采用 P-III 型曲线，适线法调整确定离散系数 C_v、偏差系数 C_s 值。选定统计参数时，除考虑攀枝花站洪水特性外，还照顾到上下游站相互协调，相对合理。金沙坝址的设计洪水参数见表 2.4.4，设计洪水成果见表 2.4.5。

表 2.4.4　金沙坝址设计洪水参数

时段	统计参数		
	均值	C_v	C_s/C_v
$Q_m/（m^3/s）$	7 160	0.31	4.0
$W_{24\,h}/亿\,m^3$	6.10	0.31	4.0
$W_{72\,h}/亿\,m^3$	17.5	0.31	4.0
$W_{7\,d}/亿\,m^3$	38.0	0.31	4.0
$W_{15\,d}/亿\,m^3$	74.2	0.31	4.0

注：Q_m 为洪峰流量；$W_{24\,h}$ 为 24 h 洪量；$W_{72\,h}$ 为 72 小时洪量；$W_{7\,d}$ 为 7 天洪量；$W_{15\,d}$ 为 15 天洪量，后同

表 2.4.5　金沙坝址设计洪水成果

时段	频率 $P/\%$									
	0.1	0.2	0.33	0.5	1	2	3.33	5	10	20
$Q_m/（m^3/s）$	18 000	16 900	16 000	15 400	14 200	13 000	12 100	11 400	10 100	8 780
$W_{24\,h}/亿\,m^3$	15.3	14.4	13.7	13.1	12.1	11.1	10.3	9.7	8.6	7.5
$W_{72\,h}/亿\,m^3$	43.9	41.2	39.2	37.5	34.7	31.8	29.7	27.9	24.8	21.4
$W_{7\,d}/亿\,m^3$	95.4	89.5	85.1	81.5	75.4	69.1	64.4	60.6	53.8	46.6
$W_{15\,d}/亿\,m^3$	186.0	175.0	166.0	159.0	147.0	135.0	126.0	118.0	105.0	90.9

2. 设计洪水复核

1）历史洪水

自 20 世纪 50 年代开始，长江委等单位先后多次对干流奔子栏至宜宾的 19 个重要河段及金沙江中下段 9 条主要支流的控制河段进行了大量的历史洪水调查、测量和复核，并多次到国家博物馆和云南、四川等有关省、市、县档案馆查询有关历史文献。

2008 年 12 月 29 日，中国水利水电建设工程咨询公司主持召开了攀枝花河段水文成果咨询会。根据咨询意见，由于在攀枝花水文站实测洪水系列中，包含了 1962 年、1966 年、1991 年、1993 年、1998 年和 2005 年等多个大洪水，如果 1924 年历史洪水的洪峰流量为 13 800 m³/s，考证期从 1863 年，根据历史洪水调查成果，攀枝花站历史洪水推荐采用 1924 年洪峰流量为 13 800 m³/s，考证为 1863 年以来的第二大洪水。

金沙水电站设计依据攀枝花水文站资料综合分析，能确切定位及进行定量估计的历史洪水主要是 1924 年大洪水，考证为 1863 年以来的第二大洪水。

2）金沙水电站坝址天然设计洪水复核

金沙水电站坝址位于攀枝花水文站上游，金沙水电站坝址至攀枝花水文站区间无较大支流汇入，区间面积为 307 km²，占坝址以上面积的 0.12%，故金沙水电站坝址的设计洪水直接采用攀枝花水文站设计成果。

攀枝花水文站有 1965 年以来的实测洪水系列，通过与石鼓水文站相关插补出 1953～1964 年洪水系列。1924 年历史洪水的 24 h、3 d、7 d 洪量，由 $Q_m \sim W_{24\,h}$、$Q_m \sim W_{3\,d}$、$Q_m \sim W_{7\,d}$ 相关线插补。由于洪峰流量与 $W_{15\,d}$ 的相关点据分布呈宽带状，相关线具有较大的不确定性，另考虑到实测系列较长，故 15 d 洪量系列直接采用实测系列，不插补 1924 年历史洪水的 15 d 洪量系列。

2020 年蓄水阶段复核时，攀枝花水文站洪水系列样本由 1924 年历史洪水和经插补延长后的 1953～2018 年实测洪水系列组成。其中 2011～2018 年以后洪水考虑了上游各水库调蓄影响，进行了还原计算。在此基础上，本次复核将金沙坝址径流系列延至 2021 年，增加年份中以 2020 年天然流量最大为 10 500 m³/s，梯级水库拦蓄洪峰流量 1 470 m³/s。此外，根据 2018 年金沙江上游堰塞湖下泄水文观测资料，对溃坝后洪水沿程传播情况进行分析，其中金沙江上游奔子栏以上均出现大洪水，奔子栏至石鼓段洪峰经沿程坦化及槽蓄作用，至石鼓洪峰流量降至 8 380 m³/s，再将金沙江中游电站调蓄后，攀枝花站实测流量已减低为常遇洪水，攀枝花实测最大洪峰流量为 7 760 m³/s。综合上述分析，本次按矩法计算参数均值 $\overline{X}$、C_v 初估值，采用 P-III 型曲线，适线法调整确定离散系数 C_v、偏差系数 C_s 值，见图 2.4.2～图 2.4.6。选定统计参数时，除了考虑攀枝花站洪水特性外，还照顾到上下游站相互协调，相对合理。复核成果与可研阶段成果一致，设计洪水参数见表 2.4.6，设计洪水成果见表 2.4.7。

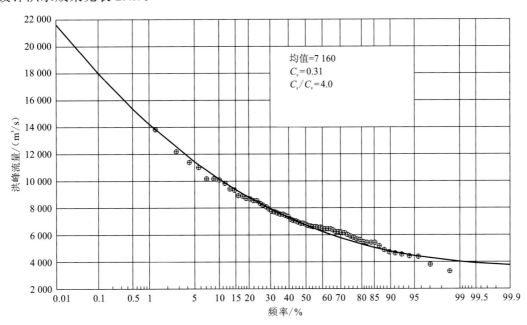

图 2.4.2　攀枝花水文站年最大洪峰流量频率曲线图

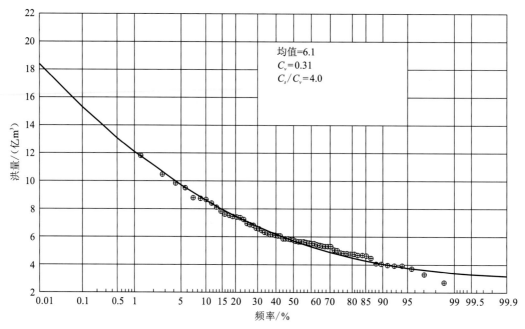

图 2.4.3 攀枝花水文站年最大 24 h 洪量频率曲线图

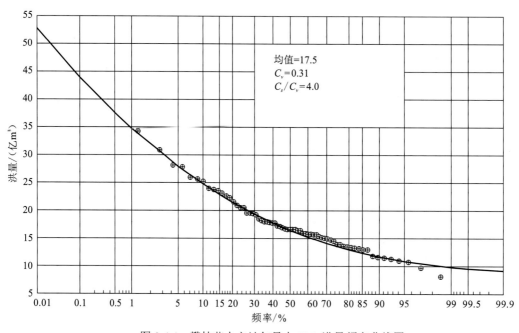

图 2.4.4 攀枝花水文站年最大 72 h 洪量频率曲线图

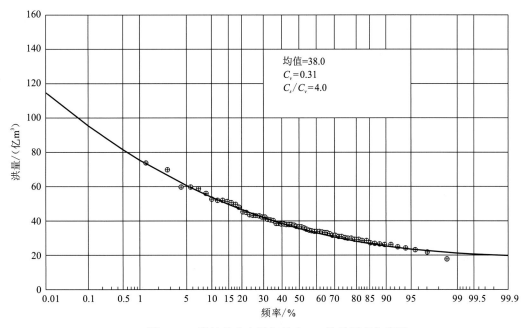

图 2.4.5　攀枝花水文站年最大 7 d 洪量频率曲线图

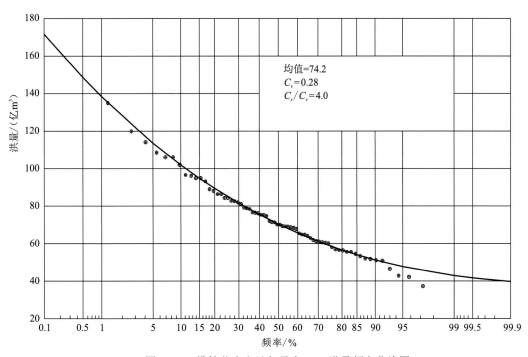

图 2.4.6　攀枝花水文站年最大 15 d 洪量频率曲线图

表 2.4.6　金沙坝址设计洪水参数（本次复核）

时段	统计参数		
	均值	C_v	C_s/C_v
$Q_m/（m^3/s）$	7160	0.31	4.0
$W_{24h}/亿\ m^3$	6.10	0.31	4.0
$W_{72h}/亿\ m^3$	17.5	0.31	4.0
$W_{7d}/亿\ m^3$	38.0	0.31	4.0
$W_{15d}/亿\ m^3$	74.2	0.28	4.0

表 2.4.7　金沙水电站坝址设计洪水成果（本次复核）

时段	频率 P/%									
	0.1	0.2	0.33	0.5	1	2	3.33	5	10	20
$Q_m/（m^3/s）$	18 000	16 900	16 000	15 400	14 200	13 000	12 100	11 400	10 100	8 780
$W_{24h}/亿\ m^3$	15.3	14.4	13.7	13.1	12.1	11.1	10.3	9.7	8.6	7.5
$W_{72h}/亿\ m^3$	43.9	41.2	39.2	37.5	34.7	31.8	29.7	27.9	24.8	21.4
$W_{7d}/亿\ m^3$	95.4	89.5	85.1	81.5	75.4	69.1	64.4	60.6	53.8	46.6
$W_{15d}/亿\ m^3$	172	162	155	149	139	128	120	114	102	89.6

2022 年复核计算攀枝花水文站洪峰流量及 W_{24h}、W_{3d}、W_{7d}、W_{15d} 时段洪量频率曲线的统计参数及设计值与可研阶段成果比较，洪峰流量及 $W_{24h}\sim W_{7d}$ 设计成果一致，W_{15d} 时段洪量设计成果，本次成果略小于可研阶段成果，误差在 5% 以下。因此金沙水电站坝址设计洪水仍采用可研阶段成果，成果见表 2.4.7。

3）上游水电站对坝址洪水的影响

金沙水电站的上一梯级为观音岩水电站，观音岩水电站的主要防洪任务为工程本身的防洪要求和满足下游攀枝花城市防洪要求，同时配合三峡水库实行洪水统一调度，从而一定程度上减轻长江中下游的洪水灾害。根据观音岩水库运行调度方式，观音岩 7 月初～8 月初，设置防洪限制水位 1 122.30 m，预留 5.42 亿 m^3 防洪库容以满足长江中下游防洪需求；观音岩 8 月初～9 月设置防洪限制水位 1 128.80 m，预留 2.53 亿 m^3 防洪库容，可将攀枝花的防洪标准由 30 年一遇提高到 50 年一遇，满足攀枝花的防洪要求；其他月份水位则在接近正常蓄水位附近波动。

根据 2002 年 4 月《四川省修订警戒水位保证水位成果说明》，以攀枝花水文站为控制断面，攀枝花保证水位 1 001.60 m（30 年一遇），相应流量 11 700 m^3/s。

综上分析，金沙水电站坝址 $P = 2\%$ 和 $P = 3.33\%$ 的天然设计洪水分别为 13 000 m^3/s 和 12 100 m^3/s，在观音岩水电站建成后，金沙坝址 $P = 2\%$ 和 $P = 3.33\%$ 的设计洪水洪峰流量降为 11 700 m^3/s。

2.4.5　水位流量关系

1. 蓄水及以前阶段成果

金沙水电站坝址位于攀枝花水文站上游约 10.3 km 处，坝址与攀枝花水文站区间无大支流入汇，流量直接采用攀枝花水文站同步实测流量。2007 年 9 月，在金沙水电站坝址上游 1 630 m 设立老库滩水尺、坝址下游 310 m 设立新庄水尺，同年 10 月开始观测水位，新庄水尺 2015 年停测。由于金沙水电站导流明渠 2016 年底已过水，老库滩水尺受围堰壅水影响，2017～2021 年水位资料无法使用。

可研阶段金沙水电站坝址水位流量关系的中低水部分采用 2008～2013 年实测点据拟定，高水部分根据断面资料采用 Q-A（流量～断面面积）法外延，并参考金沙水电站坝址调查和推算的 1966 年、1993 年、1998 年、2005 年等大洪水年的高水点据拟定。

2020 年蓄水阶段复核时，采用 2014～2016 年老库滩水尺水位、2014～2016 年新庄水尺水位与攀枝花流量，对金沙水电站坝址水位流量关系进行复核，坝址水位采用老库滩水尺与新庄水尺插补。复核攀枝花实测流量为 329～6 630 m³/s，坝址水位流量关系经检验，实测的中低水点据与关系线吻合较好，因此维持可研阶段金沙水电站坝址水位流量关系，成果详见表 2.4.8。

表 2.4.8　金沙水电站坝址水位流量关系

水位（黄海高程)/m	流量/（m³/s）	水位（黄海高程)/m	流量/（m³/s）
994.5	304	1 001.5	2 770
995.0	407	1 002.0	3 030
995.5	510	1 002.5	3 300
996.0	631	1 003.0	3 570
996.5	775	1 003.5	3 860
997.0	933	1 004.0	4 160
997.5	1 100	1 004.5	4 470
998.0	1 270	1 005.0	4 790
998.5	1 450	1 005.5	5 120
999.0	1 640	1 006.0	5 460
999.5	1 850	1 006.5	5 810
1 000.0	2 060	1 007.0	6 170
1 000.5	2 290	1 007.5	6 530
1 001.0	2 520	1 008.0	6 900

水位（黄海高程)/m	流量/（m³/s）	水位（黄海高程)/m	流量/（m³/s）
1 008.5	7 280	1 016.0	14 100
1 009.0	7 670	1 016.5	14 600
1 009.5	8 060	1 017.0	15 100
1 010.0	8 450	1 017.5	15 600
1 010.5	8 840	1 018.0	16 200
1 011.0	9 250	1 018.5	16 800
1 011.5	9 670	1 019.0	17 400
1 012.0	10 100	1 019.5	18 000
1 012.5	10 600	1 020.0	18 600
1 013.0	11 100	1 020.5	19 200
1 013.5	11 600	1 021.0	19 900
1 014.0	12 100	1 021.5	20 600
1 014.5	12 600	1 022.0	21 300
1 015.0	13 100	1 022.5	22 000
1 015.5	13 600	—	—

2. 2022 年水位流量关系复核

金沙水电站坝下 600 m 右岸建有电站出库专用水位站，距离下游攀枝花水文站约 10 km，中间有支流仁和沟汇入，流量小，对攀枝花水文站水位流量关系影响较小。将两站 2022 年 1 月 1 日~11 月 1 日的水位数据对比分析，选取各水位级的代表洪水，率定金沙水电站坝下至攀枝花水文站洪水传播时间约为 0.5 h。利用攀枝花水文站推后 0.5 h 的流量与坝下水位建立水位流量关系，2022 年 10 月 26 日、27 日两次实测坝下水文站流量均在拟合的坝下水位流量关系曲线上。

坝下水位站距离坝址 600 m，低水位时，坝址水位 = 坝下水位站+落差，流量不变；中高水位时水位流量不变，通过坝下水位站水位流量关系推算坝址水位流量关系，再根据坝址水位流量关系线做高水延长，得到本次复核的坝址水位流量关系曲线见图 2.4.7。通过与可研阶段对比，流量 $Q \leqslant 1\ 500\ m^3/s$ 复核较可研线流量偏小，特别是在流量 $Q \leqslant 1\ 000\ m^3/s$ 以下，较可研线流量偏小 48%，$1\ 000\ m^3/s \leqslant Q \leqslant 1\ 500\ m^3/s$，较可研线流量偏小 8%~30%，流量越小偏差越大；$Q \geqslant 1\ 500\ m^3/s$ 以上，较可研线偏差均在±4%以内，流量 $Q \geqslant 7\ 000\ m^3/s$ 以上基本吻合，见表 2.4.9。

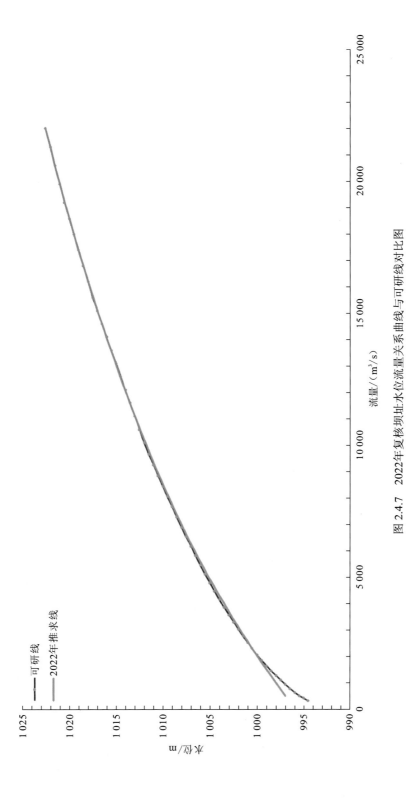

图 2.4.7　2022 年复核坝址水位流量关系曲线与可研线对比图

表 2.4.9　可研与本次复核关系线同水位查询流量对比分析表

水位（黄海高程）/m	流量/（m³/s）		误差	百分比/%
	可研	本次复核		
995.00	407	—	—	—
996.00	631	—	—	—
997.00	993	507	−486	−48.94
997.50	1 100	750	−350	−31.82
998.00	1 270	998	−272	−21.42
998.50	1 450	1 250	−200	−13.79
999.00	1 640	1 510	−130	−7.93
1 000.00	2 060	2 020	−40	−1.94
1 000.50	2 290	2 290	0	0.00
1 001.00	2 520	2 560	40	1.59
1 002.00	3 030	3 110	80	2.64
1 002.50	3 300	3 400	100	3.03
1 005.50	5 120	4 930	−190	−3.71
1 006.00	5 460	5 590	130	2.38
1 008.00	6 900	7 000	100	1.45
1 008.50	7 280	7 370	90	1.24
1 008.55	7 320	7 410	90	1.23

3. 特征水位及流量

金沙水电站坝址的特征水位及流量见表 2.4.10。

表 2.4.10　金沙水电站坝址特征水位及流量表

项目	入库洪峰流量/（m³/s）	下泄流量/（m³/s）	上游水位/m	下游水位/m	备注
$P = 0.1\%$洪水	18 000	18 000	1 025.30	1 019.49	大坝、电站厂房校核洪水
$P = 1\%$洪水	14 200	14 200	1 022.00	1 016.10	大坝、电站厂房设计洪水
$P = 2\%$洪水	13 000	13 000	1 022.00	1 014.90	消能建筑物设计洪水
$P = 20\%$洪水	8 780	8 780	1 022.00	1 010.42	—
正常蓄水位	—	—	1 022.00	—	—
死水位	—	—	1 020.00	—	—
电机单机引用流量	—	9 54.5	—	997.06	—
电机满发引用流量	—	3 818	—	1 003.43	—

2.5　工程地质

2.5.1　区域构造稳定性与地震动参数

1. 区域地质

1）区域地质背景

工程区地处云贵高原北部横断山区川滇山地之西北部，地势西北高、东南低，山脉多近南北向。区域内山高谷深，地形陡峻，山顶海拔高程多在 1 200～2 900 m，属中山地貌。金沙江总体由西向东流经本区，切割深度达 300～1 000 m，为本区域最低侵蚀基准面。河谷以峡谷为主，谷坡陡峭，河道狭窄、险滩密布，河床纵向坡降达 0.75‰，局部达 1.84‰。峡谷段阶地零星分布。宽谷段低级阶地保存较好，在格里坪、大水井等地 I～V 级阶地发育。

工程区内地层主要有古元古界变质岩系，震旦系上统碳酸盐岩，下二叠统阳新组碳酸盐岩、上统峨眉山玄武岩，上三叠统—白垩系的碎屑岩类，并有不同时期的岩浆岩广泛出露。区内侵入岩主要有晋宁期石英闪长岩、辉长岩、斜长花岗岩、闪长岩，华力西期正长岩、花岗岩等类型。下元古界构成本区基底，其他地层形成盖层。第四系河流冲积、洪积在河床中广泛分布，崩塌堆积和残坡积零星分布山麓地带。

金沙水电站鱼道工程区在大地构造分区上隶属扬子准地台之康滇地轴西部，三、四级构造单元分别为滇中中台陷、把关河断褶区。

区域上以川滇南北构造为主体，发育一系列 SN 向、NNE 向，NE 向、NW 向断裂构造。工程区东西两侧发育 SN 向和 NNE 向的断裂，东侧有攀枝花断裂、磨盘山—绿汁江断裂，西侧有华坪断层、程海断裂；北西侧有 NE 向的金河—箐河断裂、小金河—丽江断裂；西南侧 NW 向断裂带有南华—楚雄断裂等。攀枝花断裂距工程区较近，其余断裂均在工程区 40 km 以外，对工程区影响小[①]。

攀枝花断裂位于坝址区东侧，呈近南北—北东走向，向北延伸（此段安全评估报告称为西番田断层）交止于金河—程海断裂，向南延至云南楚雄，全长大于 200 km；断裂分级为三级构造断裂，为第四纪一般性活动断裂，近场区发育纳拉箐、倮果（也称牛场坪断层）等一系列近南北向、北东—北北东向的断裂基本属其次级断裂，多为逆断层，以纳拉箐断裂为主干，其次为倮果断层，在坝址下游的丙老至密地间斜穿金沙江。纳拉箐断层位于近场区中部，距工程场地最近距离约 5.5 km。牛场坪断层距工程场地的最近距离约 13 km。

2）主要断裂及活动性

距工程区较近的断裂构造只有东侧的攀枝花断裂、磨盘山—绿汁江断裂，其余断裂多在工程场地 50 km 外。据《金沙江金沙水电站工程地场地震安全性评价报告》，近场区内

---

① 文中 S 代表南；N 代表北；E 代表东；W 代表西。

共发育的规模较大且距工程场地较近断裂有 12 条（表 2.5.1）。其中纳拉箐断裂、倮果断裂是攀枝花断裂带的主断带。其余断裂距工程场地较远或活动性较弱，对工程场地影响不大。

表 2.5.1 近场区主要断裂特征表

名称	产状	长度/km	性质	距坝址最近距离/km	测年值	最新活动时代
西番田断裂	走向 NW、倾向 SW、倾角 45°～70°	60	逆断层	15.0	95 900±7 300	晚更新世
弄弄坪断裂	走向 10°～30°、倾向 SE-NW、倾角 50°～80°	27	逆断层	6.0	102 000±8 100	晚更新世
布德断裂	走向 NS、倾向 W、倾角 60°～75°	8	逆断层	6.0	195 900±27 300	中更新世
纳拉箐断裂	走向 15°～35°、倾向 SE、倾角 45°～80°	53	逆断层	5.5	178 000±18 000	中更新世
倮果断裂	走向 30°～40°、倾向 NW、倾角 40°～80°	25	逆断层	13.0	—	中更新世
斑鸠湾断裂	走向 NNW、倾向 NE-SW、倾角 45°～75°	18	北段：正断层 南段：逆断层	17.0	144 300±11 800	中更新世
簸箕鲊断裂	走向 NNW、倾向 NE、倾角 45°～60°	12	逆断层	25.0	78 900±6 200	晚更新世
桐子林断裂	走向 NS、倾向 E、倾角 60°～75°	24	逆断层	26.0	77 900±6 200	晚更新世
阿基鲁断裂	走向 EW、倾向 N、倾角 70°～80°	7	逆断层	21.0	—	早更新世
麦地断裂	走向 NS、倾向 W、倾角 50°～70°	10	逆断层	14.0	—	中更新世
远景断裂组	走向 NW-NE、倾向 E、倾角 60°～75°	2～14	逆断层	23.0	—	早更新世
纳耳河断裂	走向 NE、倾向 SE、倾角 70°～85°	29	逆断层	23.0	—	中更新世

阿基鲁断裂与远景断裂组在早更新世有活动，至今尚无 4.7 级以上破坏性地震发生的记载。从地质、地貌、断层带结构特征及地震活动性综合分析，远景断裂组不具备晚第四纪活动性。布德断裂、纳拉箐断裂（即攀枝花主干断裂）等 7 条断裂中更新世有过活动，从航拍照片解释及地质调查，未发现新活动的迹象，属第四纪一般性活动断裂。

近场范围内发育的断裂构造，第四纪以来的活动性表现不一，其中西番田断裂、桐子林断裂、簸箕鲊断裂、弄弄坪断裂虽然有晚更新世活动的年代学证据，从断裂规模及其不存在活动构造地貌显示的事实分析，不具备发生 6 级以上地震的构造条件；其余断裂属于第四纪一般性活动断裂，其中布德断裂、弄弄坪断裂、纳拉箐断裂距工程坝址较近，最小距离 5.5～6.0 km，但断裂的新活动性不强、规模有限，未来发生强震的可能性不大，亦不会对工程场地产生较大影响。

综上所述，近场区范围内断裂新活动性程度不高，没有明确的发生 6 级以上强震的发震构造。

3）区域构造稳定性评价

工程区处于西部强隆区的攀西—滇中中升区内（I3），属新构造运动比较活跃的地区。新构造运动以来，"川滇菱形块体"总体向南东滑移的新构造活动一直持续至今。现代强震活动主要发生在"川滇菱形块体"的边界断裂上，构成强震活动带。块体内断裂地震活动较低，最大地震只在 6 级左右。"川滇菱形块体"这种构造活动格局，既反映了本区构造活动发展变化的基本特征，也反映了本区区域构造稳定性不均匀性的特点。

工程区主要以"川滇菱形块体"新活动格局为基础，综合其他有关因素进行区域构造稳定性评价分区。按照《水电水利工程区域构造稳定性勘察技术规程》（DL/T 5335—2006）规程构造稳定性实行 3 级划分法，金沙水电站位于区域构造稳定性评价分区的稳定性较差区。

4）地震活动性

（1）近场历史地震。历史地震对坝址区影响较大的共有 11 次，其中影响最大的是 1515 年云南永胜 7¾ 级地震、1733 年云南东川紫牛坡 7¾ 级地震和 1955 年会理鱼鲊 6¾ 级地震，对工程场址的影响烈度为 6 度；2008 年 8 月 30 日攀枝花仁和区与会理交界处发生 6.1 级地震，距坝址约 55 km，影响烈度 5.5 度；其余各次地震对坝址的影响烈度均未超过 5 度。

工程场地新构造运动以来，呈中等强度整体上升为主，差异活动较弱；现今地壳形变平缓，差异活动不明显。近场区内各断裂中更新世前有过活动，晚更新世后不活动，按水电水利勘测规范标准，不属工程活动断裂，坝址区无发震构造。坝址区 5 km 范围内地震活动微弱，据《中国地震台网地震目录》1970～2006 年近场内近代地震活动的主要表现形式为 ML <4.7 级的小地震，仪器仅记录到 ML = 1.0～4.6 级 279 次零散地震，无小地震集中现象。

（2）坝址地震动参数。2007 年 10 月 22 日，经四川省地震局批复确认，工程场地主要遭受外围地区强震和场地附近中强地震的影响，历史地震对金沙水电站坝址工程场地的最大影响烈度为 VI 度；金沙水电站坝址工程场地的地震基本烈度为 VII 度，坝址 50 年超越概率 10% 的基岩水平峰值加速度值为 120 cm/s^2（0.122g），100 年超越概率 2% 的基岩水平峰值加速度值为 275 cm/s^2（0.28g）。

2009 年 4 月 20 日，四川省地震局对金沙江金沙水电站工程地场地震安全性评价复核进行了批复，其结论是：在中国地震动参数区划图（GB 18306—2001）第 1 号修改单上，本工程场地位于地震动峰值加速度无变化的区域，根据中国地震局《关于加强汶川地震灾后恢复重建抗震设防要求监督管理工作的通知》（中震防发〔2008〕120 号）的相关要求，本工程设计地震动参数按照原报告结论执行。

2. 鱼道工程区域构造稳定性及地震动参数复核

1）鱼道工程区域构造稳定性复核

可研阶段鱼道工程区域构造稳定性评价分区按《水电水利工程区域构造稳定性勘察技

术规程》（DL 5335—2006）及有关规定进行，属稳定性较差区（三分体系）。《水力发电工程地质勘察规范》（GB 50287—2016）于 2016 年 8 月 18 日发布，2017 年 4 月 1 日实施。据规范要求采用四分体系（表 2.5.2）可满足区域构造稳定性评价要求。

表 2.5.2　鱼道工程区域构造稳定性分级（四分体系）

参量	稳定性好	稳定性较好	稳定性较差	稳定性差
地震动峰值加速度/g	≤0.09	0.09~0.19	0.19~0.38	≥0.38
地震烈度/度	≤VI	VII	VIII	≥IX
活断层	近场区 25 km 内无活断层	5 km 以内无活断层	5 km 以内有长度小于 10 km 的活断层、震级<5 级地震的发震构造	5 km 以内有长度大于 10 km 的活断层，并有震级 M≥5 级地震的发震构造
地震及震级 M	M<4¾级的地震活动	4¾≤M<6 的地震活动	有 6≤M<6¾级地震活动或不多于 1 次 M≥7 级强度	有多次 M≥6¾级的强地震活动
区域重磁异常	无	不明显	较明显	明显
备注	—	本工程场地属此级别	—	—

按照上述四分体系划分标准，金沙水电站工程场地基本烈度为 VII 度，50 年超越概率 10%的基岩水平峰值加速度为 120 cm/s² （0.122g）；坝址区及其附近 5 km 范围内无活动断裂分布；从 1944 年至 1971 年间场内曾先后发生过 3 次 Ms≥4.7 级和 1 次 4.5 级的破坏性地震，此后迄今没有发生过 4.0 级以上的地震活动，从 1970 年至今的 40 多年间近场内记录到的地震约 97.29%为 ML<3.0 级的微震活动，ML≥3.0 级地震仅为 2.71%，迄今为止近场内的最大地震是 1955 年 9 月 23 日会理鱼鲊 6¾级地震，距离坝址 31 km；区域重磁异常不明显，属区域构造稳定性较好区[①]。

2）地震动参数复核

《中国地震动参数区划图》（GB 18306—2015）于 2015 年 5 月 15 日发布，2016 年 6 月 1 日实施。据区划图成果，金沙水电站坝址 50 年超越概率 10%水平向地震动峰值加速度值为 0.15g [0.15g 区（0.14,0.19）]，场地类别按 II 级中硬场地（平均场地）；按区划图附录 E 要求，坝址区基岩场地类别为 I0，场地地震动峰值加速度调整系数 Fa 取 0.75，换算成基岩场地后，金沙水电站坝址 50 年超越概率 10%水平向地震动峰值加速度值为 0.112 5g，比安全评估报告成果"50 年超越概率 10%基岩水平向地震动峰值加速度值为 120 cm/s²（0.122g）"略低。因此金沙水电站抗震设防参数按地震安评报告成果取值是合适的。

3. 地形地貌

金沙水电站坝址位于原 503 电厂（已关停）下游河段，属中山峡谷地貌，山高坡陡，山顶高程 1 500~1 780 m，河谷深切，呈较不对称"V"形河谷，坝址区河道较顺直。两岸坡形均呈上陡下缓状，上部坡角为 30°~40°，下部坡角为 20°~25°，自然山坡稳定性较好。

---

① 文中 Ms 为面波震级；ML 为地方震级。

左岸山顶高程 1 400～1 700 m，下坝线一带及其上游高程 1 060 m 以下地形较缓，为一宽 100～200 m 的堆积阶地，总体坡角 20° 左右，为原 503 电厂厂区和住宅区。下坝线上游江边顺江分布原 503 电厂灰池，外侧修建有挡墙防护。沿江高程 1 050～1 070 m、1 020 m 有公路通行。下坝线下游为陡峻的正长岩山坡，坡角一般 30°～50°，局部达 60° 左右。

左岸分布两条规模较大的冲沟，一条为厂前冲沟，沟长约 400 m，沟宽 4～5 m、深 2 m 左右，光明路上下沟段已护坡、护底治理；另一条为上坝线上游 700 m 处原 503 电厂冲沟，沟长约 1.2 km，纵向穿过原 503 电厂厂区，大部分沟段以混凝土护坡护底，形成宽 10.5 m、深 3.8 m 的渠道。

右岸山顶高程 1 400～1 500 m，山坡较陡，坡角 40°～55°，其中高程 1 400～1 300 m、高程 1 080 m 以下的山坡较缓，坡角 25° 左右。地形相对完整，冲沟不发育，规模较小，其中牛筋树冲沟规模相对较大。下坝线下游 400～1 000 m 右岸分布冷轧厂堆积体。

鱼道位于金沙水电站左岸。鱼道起点～休 17[①] 段位于光明路与沿江公路之间，为陡峻的正长岩山坡，地表高程 1 000～1 070 m，坡角 60° 左右；发育一条冲沟，即厂前冲沟。鱼道休 17～休 22 段位于光明路上下正长岩山坡，地表高程 1 030～1 085 m，坡角 25°～30°。鱼道休 22～休 25 段位于沿江公路上下，山坡平缓，地表高程 1 017～1 030 m，整体坡角 25° 左右。鱼道休 25～鱼道终点段位于原 503 电厂灰池，地表高程 1 000～1 019 m，总体坡角 5° 左右，灰池前缘修有挡墙防护。

金沙水电站江段河势及周边环境条件见图 2.5.1。

4. 地层岩性

鱼道沿线大多基岩裸露，岩性为华力西期正长岩（ξ_4）及上三叠统丙南组（T_3b）砂岩。第四系堆积物为人工堆积物、崩坡积物及冲积物。

1）华力西期正长岩（ξ_4）

灰白色或灰白泛绿色，中粒半自形晶结构，块状构造。分布于鱼道起点～休 9 段。

2）上三叠统丙南组（T_3b）

丙南组第 3 段～第 6 段砂岩，岩性为中厚至厚层状粉砂岩、细砂岩、中粒岩屑砂岩等较硬或坚硬岩，部分暗红色中厚层状泥质粉砂岩等较软岩，横向相变较强，多呈渐变过度接触或突变紧密接触。分布于鱼道休 9～鱼道终点。

3）第四系

（1）人工堆积物（Q^s）。矿渣，结构松散，以灰粉为主，夹少量渣块。堆积厚 2～10 m 不等，主要分布于鱼道休 10 上游 40 m 处～终点段。

（2）崩坡积物（Q^{col+al}）。漂（块）石夹卵石。厚 15～25 m，中密状，强透水性。块石、漂石含量 40%～60%，芯样呈长 20～40 cm 柱状，成分为正长岩；块、漂石之间为卵石。仅分布于鱼道休 10 至其上游 40 m 处，范围较小。

---

① 休 17～休 25 代表鱼道 17 号～25 号休息池。

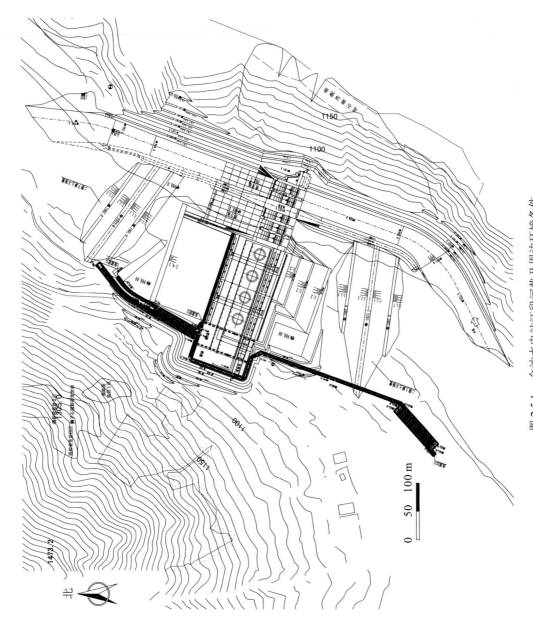

图 2.5.1　金沙水电站江段河势及周边环境条件

图中模糊部分是具体工程施工相关参数，涉及保密故进行模糊处理，但不影响对整体布置的理解

（3）冲积物（Q^{al}）。卵石。厚 6～17 m，中密至密实状，强透水性。卵石含量 40%～60%，粒径一般 4～7 cm，大者 13 cm 左右。分布于鱼道休 9～鱼道终点段人工堆积物之下。

5. 地质构造

工程区地处扬子准地台之康滇地轴西南部，三、四级构造单元分别为滇中中台陷、把关河断褶区。

丙南组砂岩岩层走向 45°～85°、倾向 SE、倾角 30°～45°，即倾向右岸偏上游，与下伏正长岩呈异岩不整合接触。

鱼道沿线无区域性断裂通过，发现少量规模较小的陡倾角断层，按走向主要为 NNW 组，与金沙江河道交角 45° 左右。仅发育 1 条较大规模断层 F9，从鱼道休 9 下游 35 m 处斜切而过，规模较大；为正断层，走向 NE，倾向 NW 或 SE，倾角 76°～88°，宽 2.8～4.2 m，地表延伸长 170 m，贯穿正长岩与丙南组砂岩，构造岩以灰色碎块岩为主，胶结较差，风化加剧。

正长岩体中裂隙总体较发育，按走向主要分为 NNE、EW、NW、NE 4 组，NNE、EW 组较发育，NW、NE 组次之；以陡倾角为主，中缓倾角裂隙较少；据平洞及钻孔调查，缓倾角裂隙不发育，线密度 0.3～1 条/m。丙南组岩体中裂隙较发育，按走向多属 NE 组。以陡倾角为主，部分中倾角，延伸性一般较差，多数不切层；缓倾角裂隙不发育，线密度 1～3 条/m。

6. 岩体风化及卸荷

鱼道沿线正长岩山坡大部分坡段全强风化带缺失，少数坡面有厚 0～10 m 强风化岩体。弱风化带铅直厚度 17～50 m，局部厚度较大，达 72 m 左右，分布于鱼道休 4～休 6 段。鱼道休 9～休 10 段沿线丙南组砂岩强风化带厚 12～18 m，弱风化带厚 15～25 m。

鱼道沿线正长岩山坡表部岩体普遍卸荷较强烈，强卸荷带水平深度 6～10 m，弱卸荷带水平深度 10～15 m；卸荷岩体深度 13～20 m。原 503 电厂冲沟至狮子石冲沟段沿线山坡发育狮子石强卸荷危岩体，主要分布高程 1 100～1 400 m，强卸荷岩体厚（垂直坡面）4～10 m（水平向深度 10 m 左右），较厚处 10～25 m（水平向深度 15～30 m）。鱼道沿线丙南组砂岩强卸荷带缺失，弱卸荷带水平深度 5～12 m。

7. 水文地质

金沙江为本区地表、地下水的最低排泄基准面。鱼道沿线地表水主要向原 503 电厂冲沟、厂前冲沟及狮子石冲沟汇集后排入金沙江。

地下水主要来源于大气降水补给，通过裂隙网络向金沙江运移和排泄。鱼道沿线地下水位随江水位涨落有升降变化，与江水水力联系较密切。

鱼道沿线丙南组地层属层状水文地质结构，可分为两层：第一层为 T_3b^5～T_3b^6 段，岩体透水性较强，属含水、透水层；第二层为 T_3b^3～T_3b^4 段，岩体透水性弱，属相对隔水层。正长岩地层属裂隙网络状水文地质结构，表部强风化带透水性较强，属透水层；其下弱、微风化带透水性弱，属相对隔水层。

据金沙水电站坝区地表水、地下水水质分析资料，坝区江水、电冶厂排放的污水及地下水对混凝土均无腐蚀性，对钢结构有弱腐蚀性。

8. 物理地质现象

鱼道沿线所在山坡除发育有狮子石强卸荷危岩体外，未发现其他物理地质现象。

狮子石强卸荷危岩体分布于坝址左岸原503电厂冲沟至狮子石冲沟段沿线山坡，分布高程1100～1400 m，所处的左岸为陡峻的正长岩山坡，平均坡度40°～50°，局部形成陡崖。危岩体一带地形陡峻、突出，坡面部岩体普遍卸荷强烈，卸荷裂隙较发育，多沿原有裂隙张开。岩体已整体松弛，多呈堆叠状，可见架空和错落现象。

根据狮子石危岩体分布范围、厚度、松弛程度和稳定性，可分为Ⅰ、Ⅱ、Ⅲ、Ⅳ、Ⅴ区。

危岩体Ⅰ、Ⅱ、Ⅲ区位于鱼道起点～休6段正上方最近平距125 m处，面积1.6万 m^2，松散危石体积8.3万 m^3。危岩体Ⅴ区位于鱼道起点～休9段上方，危石零星散落分布；其中危岩体Ⅳ区在厂前冲沟间高程1300～1450 m范围内，危石相对较多，危石体积0.8万 m^3。危岩体Ⅳ区位于鱼道上游电冶厂后缘山坡，危石体积2.5万 m^3，其变形或失稳对鱼道边坡稳定及建筑物安全无直接影响。

大部分强卸荷区危岩体底部未形成较连续的底滑面，产生滑动失稳的可能性较小，破坏模式主要为崩塌，但在降水、边坡开挖爆破震动等因素影响下易顺坡滚落，对鱼道边坡稳定、施工安全具有潜在威胁。

9. 物理力学参数

金沙水电站鱼道过坝段以上的过鱼段布置区域基岩主要为第四系堆积物、第三系丙南组（T_3b^4～T_3b^6）段微风化带；鱼道过坝段及下游段布置区域基岩主要为华力西期正长岩（ξ_4）。第四系堆积物，包括冲积物、人工堆积物和崩坡积物。丙南组（T_3b）段微风化带由暗红色中厚层状泥质粉砂岩、夹粉砂岩，及少量中粒岩屑砂岩、细砂岩、泥钙质粗砂岩等组成，其中细砂岩属Ⅱ级，粉砂岩和泥质粉砂岩分别属Ⅲ、Ⅳ级。华力西期正长岩（ξ_4）弱风化带岩体为Ⅲ～Ⅱ级，微风化带岩体为Ⅱ级。

第四系堆积物层中成分较复杂，结构松散，承载力不均匀，且参数略差，存在不均匀沉降问题。

坝址主要土体物理力学参数及主要结构面抗剪强度参数见表2.5.3和表2.5.4。

表2.5.3　坝址堆积体主要土体的物理力学参数取值

地层	土的名称	容重/(kN/m^3)		压缩性		抗剪强度		渗透系数/(cm/s)	允许承载力/kPa	备注
		天然	湿	a_{1-2}/(MPa^{-1})	Es/MPa	ϕ/(°)	c/kPa			
Q^{col}	块石夹碎石岩屑	22.0	25.0	0.2	10	35	0	i×10^{-1}	220～240	
$Q^{col}1$	大块石夹土	23.0	24.0	0.2	10	35	0	i×10^{-2}	240～270	花石崖崩塌堆积体
Q^{col+al}	块石、漂石夹土	22.0	24.0	0.1	15	34	0	i×10^{-1}	280～320	503堆积体
Q^{al}	卵石	20.0	22.0	0.08	18	32	0	i×10^{-2}	230～260	

注：允许承载力取地质建议值的中值

表 2.5.4　坝址主要结构面抗剪强度参数取值

地层	结构面类型	抗剪断强度		抗剪强度	代表性结构面
		f'	$c'/$（MPa）	f	
T_3b	岩屑夹泥型	0.35	0.075	0.25	xb-15、xb-16 等岩屑夹泥型剪切带、F22、F28、F33、F50 等性状差的断层
	岩屑型	0.40	0.125	0.325	xb-1、xb-2 等岩屑型剪切带、F27、F26、F29 等性状相对较好的断层
	硬性	0.50	0.125	0.40	一般性裂隙与岩层面，不整合面
ξ_4	碎屑夹泥型	0.375	0.075	0.325	F9、F24 等性状差的断层
	碎屑型	0.575	0.115	0.50	风化夹层及大部分断层
	硬性	0.675	0.175	0.575	一般性裂隙

注：允许承载力取地质建议值的中值

2.5.2　鱼道勘察期分段工程地质条件与评价

金沙水电站鱼道布置于左岸，鱼道起点～休 6 段结合厂房尾水边坡采用"Z"字形转折布置，基础设计高程 993.07～1 002.93 m；鱼道休 6～休 9 段结合安装场边坡采用"∏"字形布置，基础设计高程 1 002.93～1 006.53 m；鱼道休 9～休 10 段结合厂房进水边坡布置，基础设计高程 1 006.53～1 08.52 m；鱼道休 10～终点段基础设计高程 1 008.52～1 018.50 m，其中鱼道休 11～终点段采用"Z"字形转折方式布置。

根据鱼道各段布置方案与工程地质条件的不同，大致可分为四段：即鱼道起点～休 6 段、鱼道休 6～休 9 段、鱼道休 9～休 10 段、鱼道休 10～终点段，各段的工程地质条件及评价如下。

1. 鱼道起点～休 6 段

1）工程地质条件

该段鱼道布置于光明路与沿江公路之间，为陡峻的正长岩山坡，坡角 60° 左右。沿线大多基岩裸露，为华力西期正长岩。仅鱼道休 4 地表为厚 3～5 m 崩坡积碎块石夹土，结构松散；下部为卵石，厚 5～10 m，中密～密实状。正长岩弱风化带铅直厚 25～50 m，最厚 72 m 左右，分布于鱼道休 4～休 6 段；水平向卸荷深度 6～15 m。断层不甚发育；裂隙较发育，以陡倾角为主，中缓倾角裂隙较少。

狮子石强卸荷危岩体 I、II、III 区分布于该段正上方，最近平距约 125 m 处，另有 V 区零星危石分布于沿线山坡坡表。

2）工程地质评价

该段鱼道基础持力层大部分为弱、微风化正长岩，岩质坚硬，岩体完整性较好，力学强度高，具有良好的承载能力。总体而言，鱼道基础地质条件较好。

该段鱼道沿线边坡基岩裸露，未发现长大结构面组合形成较大的潜在不稳定体；自然边坡整体稳定性较好。但狮子石危岩体 I、II、III 区及狮子石危岩体 V 区零星危石分布于该段鱼道上方，对边坡稳定和施工安全影响较大，需结合狮子石危岩体处理方案予以防护。

该段鱼道内侧开挖坡高 80～100 m，未发现长大不利结构面或组合形成的较大潜在不稳定体，开挖边坡的整体稳定性较好。但存在局部稳定问题，主要是结构面组合形成的不利块体；若边坡设计为直立坡，受岩体卸荷回弹、应力释放及裂隙切割等影响，边坡浅表部存在变形问题，对边坡稳定不利；需结合厂房尾水边坡处理方案予以支护。

2. 鱼道休 6～休 9 段

1）工程地质条件

该段鱼道布置于光明路上下，坡角 25°～30°。沿线大多基岩裸露，为华力西期正长岩。正长岩强风化带铅直厚 5～10 m，弱风化带铅直厚 17～50 m；水平向卸荷深度 6～15 m。断层不甚发育，仅发育一条较大规模断层 F9，从鱼道休 9 下游 35 m 处斜切而过；裂隙较发育，以陡倾角为主，中缓倾角裂隙较少。

狮子石强卸荷危岩体 I、II、III 区分布于该段斜上方，最近平距 120 m 处；另外危岩体 IV 区与原 503 电厂前冲沟间较多危石分布于该段正上方。

2）工程地质评价

按设计方案，该段鱼道基础持力层为弱、微风化正长岩，岩质坚硬，岩体完整性较好，力学强度高，具有良好的承载能力，鱼道基础地质条件较好。断层 F9 从鱼道休 9 下游 35 m 处斜切而过，性状较差，需处理。

该段沿线自然边坡基岩裸露，弱、微风化正长岩体为主，裂隙较发育，岩体完整性较好，未发现长大结构面组合形成较大的潜在不稳定体，整体稳定性较好。但狮子石危岩体 I、II、III 区与 V 区零星危石分布于该段鱼道斜上方或正上方，对边坡稳定和施工安全潜在影响较大，建议结合狮子石危岩体处理方案予以防护。

该段鱼道内侧开挖坡高一般 80～100 m，最大坡高 130 m，未发现长大不利结构面或组合形成的较大潜在不稳定体，整体稳定性较好。但存在局部稳定问题，主要是结构面组合形成的不利块体；边坡设计为直立坡，受岩体卸荷回弹、应力释放及裂隙切割等影响，边坡浅表部存在变形问题；需结合安装场边坡处理方案予以支护。

3. 鱼道休 9～休 10 段

1）工程地质条件

该段鱼道布置于沿江公路上下，坡角 25° 左右。沿线基岩裸露，为中厚—厚层状丙南组砂岩，岩层走向 70°～95°、倾向 SE、倾角 35°～45°。丙南组砂岩强风化带厚 12～18 m，弱风化带厚 15～25 m。卸荷不明显，断层不甚发育；裂隙较发育，按走向多属 NE 组；以陡倾角为主，部分中倾角，缓倾角不发育。未发现崩塌、滑坡、危岩等不良地质现象。

2）工程地质评价

按设计方案，该段鱼道基础持力层主要为弱风化丙南组砂岩，岩质坚硬，岩体完整性较好，力学强度较高，具有较好的承载能力，鱼道基础地质条件较好。仅休 9 至上游侧 25 m 范围鱼道基础持力层为强风化丙南组砂岩，岩体破碎，强度较低，需注意变形问题。

该段鱼道沿线基岩为丙南组砂岩。岩层走向与边坡大角度相交，斜顺向坡（近横向坡），倾角 38° 左右，未发现长大不利结构面或组合发育，自然边坡整体稳定性较好。

该段鱼道内侧开挖坡高 40~50 m，未发现长大结构面组合形成较大的潜在不稳定体，开挖边坡的整体稳定性较好。但存在局部稳定问题，主要是结构面组合形成的不利块体，需结合厂房进水边坡处理方案予以支护。

4. 鱼道休 10～终点段

1）工程地质条件

该段鱼道位于原 503 电厂灰池，地表高程 1 000～1 019 m，总体坡角 5° 左右；灰池前缘修有挡墙防护。沿线地表为矿渣，厚 2～10 m，结构松散；下部为卵石，厚 6～17 m，中密至密实状。未发现崩塌、滑坡、危岩等不良地质现象。

2）工程地质评价

按设计方案，鱼道休 10 上游 50～80 m 段鱼道基础持力层为卵石，基本满足鱼道承载要求，基础地质条件较好。鱼道休 10 上游 80 m 处至鱼道终点基础持力层为矿渣，结构松散，均一性差，强度低，难以满足鱼道承载要求；其中鱼道休 14～休 16 段鱼道基础超出地表 0～6 m，地表为矿渣，需进行填方；基础地质条件较差，需采取工程措施处理。

灰池一带地势平缓，前缘修有挡墙防护，挡墙未见变形损毁，现阶段岸坡稳定性较好。按施工总布置专题方案，灰池一带坡顶拟堆填至高程 1 030 m，岸坡高度增加，且蓄水后江水抬高，地下水位上升，岸坡稳定条件会产生变化，存在稳定问题。需结合原 503 电厂施工区防护方案对现有挡墙进行稳定性验算，以确定是否对挡墙进行加固或重修挡墙。

2.5.3　鱼道施工期主要地质问题及处理

1. 边坡稳定问题及处理情况

鱼道起点～鱼 7（桩号 0-250～0+317）段边坡为基岩边坡，岩性为丙南组砂岩与华力西期正长岩，弱风化。丙南组砂岩为薄至中厚层状结构，正长岩主要为块状结构，少量次块状结构。未发现不利于边坡稳定的长大结构面组合，开挖边坡整体稳定性较好。

鱼 6～鱼道终点（桩号 0-400～0-250）段边坡为土质坡，岩性为人工堆积碎石夹土，结构松散，稳定性差，已按要求采取格构支护措施处理。

施工过程中发现 4 处不利块体（36#、38#、40#、41#）、3 处潜在不稳定区（37#、42#、43#）、1 处边坡潜在变形区（52#）。

不利块体受裂隙组合切割形成两种模式（图 2.5.2）：第 1 种为倒三角形的楔形体；第 2 种为"簸箕"形。不利块体受裂隙完全切割，稳定性差。对不利块体主要采用加长、加密原系统锚杆，针对性增设预应力锚索与贴坡混凝土的加强支护方式处理。

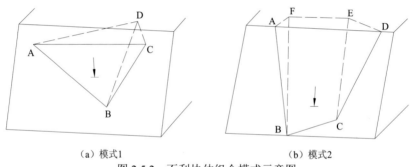

（a）模式1　　　　　　　　　　　（b）模式2

图 2.5.2　不利块体组合模式示意图

潜在不稳定区主要由 2～3 组裂隙与马道组合切割形成，模式有两种（图 2.5.3）：第 1 种近似"三棱台"形；第 2 种为近似"四棱台"形。潜在不稳定区未完全切割形成不利块体，稳定性较差，存在松弛变形问题。施工期对各区进行了预报，并编发施工地质简报，对潜在不稳定区主要采用加长、加密原系统锚杆、增设预应力锚索与贴坡混凝土相结合的加强支护措施处理。

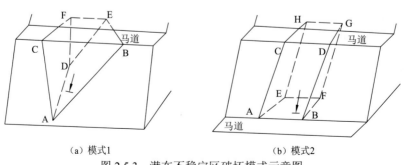

（a）模式1　　　　　　　　　　　（b）模式2

图 2.5.3　潜在不稳定区破坏模式示意图

不利块体、潜在不稳定区、潜在变形区具体位置、特征及处理措施见表 2.5.5。

表 2.5.5　鱼道开挖边坡不利块体、潜在不稳定区与变形区特征及处理情况一览表

编号	桩号高程	最大水平埋深/m	体积/m³	特征及稳定性评价	处理情况
1#	0+084.5～0+105 997～1018 m	10	1 300	后缘切割面局部张开 5～10 cm，松弛变形现象较严重；加之其位于坡面转折处，两侧临空，稳定性差	增设预应力锚索加固
2#	0+137～0+178 1009～1020 m	19	3 000	底滑面倾坡外，在 1 020.5 m 平台完全出露，其与上、下游切割面完全切割，且前缘局部见有张开现象；外侧临空、直立；易沿底滑面发生滑移垮塌，稳定性差	增设预应力锚索加固
3#	0+251～0+258 993～998 m	3	30	直立坡，超挖严重，底部倒悬，且后缘切割面已张开，松弛变形严重，块体稳定性差	增设随机锚杆
4#	0+260～0+271 993～1000 m	4	40	直立坡，切割面张开，松弛变形明显，稳定性较差	增设预应力锚索加固
5#	0+097～0+137 1001～1020 m	13	3 700	开挖过程中局部沿马道及坡眉发生小规模垮塌、掉块现象。潜在不稳定区外侧临空、直立，后缘切割面虽未完全切割至下游，但其延伸较长，易沿潜在底滑面发生松弛变形甚至滑移垮塌，稳定性较差	增设预应力锚索加固
6#	0-040～0-062 997～1005.5 m	13	750	该潜在不稳定区岩体内裂隙较发育，完整性较差，且部分裂隙走向与边坡走向呈小角度相交，对边坡变形稳定不利。另外受开挖爆破等影响，边坡超挖严重，岩体松弛变形持续加剧，存在变形问题	增设预应力锚索加固
7#	0-015～0-035 995～1005.5 m	7	700	直立坡，处于坡面转折凸出部位，两侧临空；岩体内裂隙发育，完整性较差。受开挖爆破等影响，超挖严重，潜在不稳定区后缘张开明显，表部时有垮塌、掉块，岩体松弛变形加剧，存在变形问题	增设预应力锚索加固
51#	0+250～0+306 1050～1065 m	—	—	该段坡面发现 3 条裂缝：裂缝 1 与坡眉下 4～5 m 处倾坡外缓倾角裂隙组合，易形成块体发生滑移破坏，稳定性差；裂缝 2 为坡眉处岩体卸荷变形后形成的，裂缝外侧坡眉处松动岩体稳定性差；裂缝 3 位于 1065 m 马道内侧，与边坡走向平行，张开较宽，且桩号 0+278 至开口线段为强风化正长岩，岩体强度相对较低，边坡稳定性较差	对裂缝 1、裂缝 2 外侧岩体进行爆破清除；放缓开挖坡比+挂网喷混凝土+预应力锚索支护

2. 地基变形问题及处理措施

据开挖揭露，鱼道起点～鱼 5（桩号 0-300～0+317）基础持力层为基岩，岩性为丙南组砂岩与华力西期正长岩，弱风化，强度高，满足鱼道承载要求，基础地质条件较好。

鱼 1～鱼 4（桩号 0-400～0-300）基础持力层为矿渣，结构松散，均一性差，强度低，难以满足鱼道承载要求，存在变形问题。处理措施：挖除松散矿渣至崩冲积碎块石夹土层，碎石回填、碾压密实，处理后满足鱼道承载与变形要求。

2.5.4　鱼道竣工工程地质总体评价

（1）鱼道建基面、边坡主要为基岩，位于鱼道起点～鱼 5 段，岩性为丙南组砂岩、华

力西期正长岩，弱风化；岩体质量以 II1A 类为主，少量 III1A、III2B 类。鱼道终点～鱼4段为覆盖层。工程地质条件与前期勘探成果基本一致。

（2）鱼道起点～鱼7段主要为基岩边坡，开挖边坡整体稳定性较好。鱼6至鱼道终点段为土质坡，采取格构支护措施处理。

（3）施工期对开挖过程中发现的 4 个不利块体、3 处潜在不稳定区与 1 处潜在变形区均进行了预报，并编发了施工地质简报，各处已按设计通知要求进行了针对性处理。

（4）基岩段基础地质条件较好；覆盖层段采取了开挖至崩冲积碎块石夹土后碎石回填、碾压密实等措施处理，处理后满足鱼道承载与变形要求。

2.6 工程布置及建筑物

2.6.1 工程等别和设计安全标准

1. 工程等别、建筑物级别

金沙水电站正常蓄水位 1 022.00 m，校核洪水位为 1 025.30 m，相应总库容为 1.08亿 m³，电站装机容量 560 MW，多年平均发电量为 25.07 亿 kW·h（不考虑龙盘水电站调蓄）。

根据《防洪标准》（GB 50201—2014）和《水电工程等级划分及洪水标准》（NB/T 11012—2022）的有关规定，工程为 II 等大（2）型工程，挡水、泄洪和电站等主要建筑物为 2 级建筑物，次要建筑物为 3 级建筑物，水工建筑物结构安全级别为 II 级。

根据《水电工程合理使用年限及耐久性设计规范》（NB/T 10857—2021），挡水、泄洪、电站建筑物的合理使用年限为 100 年，消能防冲建筑物的合理使用年限为 30 年。

2. 洪水设计标准

根据《防洪标准》和《水电工程等级划分及洪水标准》的规定，混凝土坝、泄洪建筑物、电站建筑物及鱼道过坝段洪水标准按 100 年一遇洪水设计，1 000 年一遇洪水校核；消能防冲建筑物及鱼道等按 50 年一遇洪水设计。各水工建筑物的洪水设计标准及相应频率的洪峰流量见表 2.6.1。

表 2.6.1 水工建筑物洪水设计标准

主坝坝型	建筑物名称	正常运用		非常运用	
		洪水重现期/年	洪峰流量/（m³/s）	洪水重现期/年	洪峰流量/（m³/s）
混凝土坝	壅水、泄洪建筑物	100	14 200	1 000	18 000
	电站厂房、鱼道过坝段	100	14 200	1 000	18 000
	消能防冲建筑物	50	13 000 11 700（考虑观音岩水电站调蓄）	—	—

3. 抗震设计标准

四川省地震局批复的《金沙江金沙水电站工程地场地震安全性评价报告》的基本结论

是：工程场地主要遭受外围地区强震和场地附近中强地震的影响；历史地震对金沙水电站坝址工程场地的最大影响烈度为 VI 度；金沙水电站工程场地的地震基本烈度为 VII 度，坝址 50 年超越概率为 10% 的基岩水平峰值加速度值为 120 cm/s^2。

按照《水电工程水工建筑物抗震设计规范》（NB 35047—2015）和《水电工程防震抗震研究设计及专题报告编制暂行规定》（水电规计〔2008〕24 号）规定，金沙水电站壅水建筑物抗震设防类别为乙类，设计地震加速度代表值取基准期 50 年超越概率 10% 的基岩峰值水平加速度，基岩水平峰值加速度值为 120 cm/s^2。

2.6.2　主要建筑物

金沙水电站为混凝土重力坝，采用河床式厂房、泄洪表孔和分期导流的布置形式。枢纽主要由挡水、泄洪、生态泄水、电站厂房和鱼道等建筑物组成，右岸布置 5 个孔口尺寸为 14.5 m×23.0 m（宽×高，以下同）的泄洪表孔和 1 个孔口尺寸为 6.0 m×15.0 m 的生态泄水孔，河床及左岸布置河床式电站厂房，电站总装机容量为 560 MW（4×140 MW），左岸布置鱼道。

混凝土重力坝坝顶高程 1 027.00 m，最大坝高 66.00 m，坝轴线长度 392.50 m，从左至右共布置 15 个坝段。1#坝段为左岸非溢流坝段；2#～3#坝段为安装场坝段，4#～7#坝段为机组坝段，8#～10#坝段为河床溢流坝段，11#坝段为纵向围堰坝段；12#～13#坝段为右岸溢流坝段，14#坝段为生态泄水孔坝段，15#坝段为右岸非溢流坝段。

1. 泄洪消能建筑物

泄洪消能建筑物包括 5 个孔口尺寸为 14.5 m×23.0 m 的泄洪表孔和底流消力池。表孔堰顶高程 999.00 m，采用底流消能形式，消力池底板高程 988.00 m。明渠消力池长 90.0 m，底宽 45.5 m，末端不设尾坎；河床消力池长 98.0 m，底宽 54.8 m，末端设置 4 m 高的尾坎。

2. 电站建筑物

电站厂房形式为河床式（2#～7#坝段），布置于河道偏左岸，安装 4 台单机容量为 140 MW 的水轮发电机，厂房尺寸为 231.8 m×96.5 m×84.2 m。电站建筑物包括机组坝段、安装场坝段、引水渠、尾水渠、排沙孔及拦沙坎、进厂交通公路等。

电站建筑物布置在左岸非溢流坝段和河床溢流坝段之间，沿坝轴线总长 231.8 m。机组段沿坝轴线方向总长度为 163.8 m，分为 4 个坝段，长度分别为 43.2 m、40.2 m、40.2 m 和 40.2 m；建基面顺水流方向宽度为 96.5 m。安装场布置在主机段左侧，沿坝轴线长度为 68.0 m，分为 2 个坝段，长度分别为 24.0 m 和 44.0 m；建基面顺水流向宽度为 96.5 m。机组坝段上游为引水渠，下游为尾水渠。为减少泄洪坝段泄洪时对发电机组的影响，在尾水渠与泄洪坝段之间设置厂坝导墙。中控室、主变及气体绝缘金属封闭开关设备（gas insulated metal enclosed switchgear，GIS）室均布置于主厂房下游侧尾水管顶部的下游副厂房内。

电站装机高程为 997.50 m，坝式进水口底坎高程为 988.50 m，尾水管出口底高程 970.17 m，尾水平台高程为 1 021.00 m。尾水渠长 88.80 m，底宽 163.8 m，尾水渠上游接尾水管出口，下游以 1：4 的反坡接原河床。进厂交通由安装场下游侧进厂，对外接左岸进厂公路，厂前设回车场，高程为 1 021.00 m。

3. 过鱼建筑物

金沙水电站鱼道布置在电站厂房以左的左岸边坡上，全长约为 1 486 m，设有 3 个进鱼口及 2 个出鱼口。鱼道主要建筑物包括：鱼道主体结构（进鱼口、过鱼池、出鱼口）、厂房集鱼系统及补水系统等。

鱼道在电站下游尾水渠岸边布置 3 个进鱼口，底板顶高程分别为 994.00 m、996.00 m、999.00 m。

过鱼池采用整体"U"形结构。单个过鱼池净宽 3.0 m，长 3.5 m，底坡 1：50。隔板采用单侧导竖式，竖缝宽度为 0.4 m。

鱼道出口布置在距坝轴线约 335～370 m 处的库区河道的左岸边坡上，布置 2 个出鱼口，底板顶高程分别为 1 018.50 m 和 1 020.00 m。

4. 生态泄水建筑物

生态泄水建筑物采用 1 个生态泄水表孔，孔口宽度为 6 m，堰顶高程 1 007 m，采用底流消能形式，与明渠内泄洪表孔共用一个消力池，消力池底板高程 988.0 m，消力池长 90.0 m。

2.6.3 调度运行方案

1. 泄流能力

金沙水电站右岸共布置 5 个泄洪表孔，每孔孔口尺寸为 14.5 m×23.0 m，枢纽泄流能力见图 2.6.1 和表 2.6.2。在设计洪水位 1 022.00 m 和校核洪水位 1 025.30 m 时，设计计算表孔相应的流量分别为 14 762 m³/s 和 18 000 m³/s。

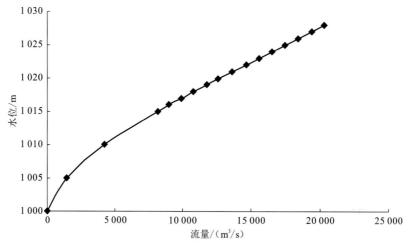

图 2.6.1　金沙水电站枢纽泄流能力曲线（不含电站泄流）

表 2.6.2　5 个表孔总泄流能力计算成果

库水位/m	表孔泄流量/（m³/s）	库水位/m	表孔泄流量/（m³/s）
999.00	0	1 014.00	7 870
1 000.00	94	1 015.00	8 659
1 001.00	280	1 016.00	9 518
1 002.00	540	1 017.00	10 364
1 003.00	868	1 018.00	11 249
1 004.00	1 265	1 019.00	12 133
1 005.00	1 732	1 020.00	13 009
1 006.00	2 264	1 021.00	13 870
1 007.00	2 867	1 022.00	14 762
1 008.00	3 472	1 023.00	15 734
1 009.00	4 121	1 024.00	16 724
1 010.00	4 817	1 025.30	18 000
1 011.00	5 545	1 026.00	18 680
1 012.00	6 286	1 027.00	19 727
1 013.00	7 075	—	—

2. 防洪调度

金沙水电站开发任务以发电为主，兼有供水、改善城市水域景观和取水条件、对观音岩进行反调节等作用。工程水库正常蓄水位 1 022.00 m，死水位 1 020.00 m，校核洪水位为 1 025.30 m，水库总库容 1.08 亿 m³，水库无防洪库容，不承担下游防洪任务。

在电站正常运行期，应优先通过机组过流。4 台机组正常运行发电的下泄流量为 3 752 m³/s，由于电站机组的最小发电水头为 8 m，相应的总洪峰流量为 12 100 m³/s（30 年一遇洪峰流量），当洪峰流量继续增大时，机组将停机不再过流，水流将全部通过泄洪表孔下泄。基于上述前提，拟定泄洪表孔运行调度的具体操作方式如下。

（1）当入库流量小于或等于 3 752 m³/s 时，水流全部通过机组发电进行下泄，表孔不过流。

（2）当入库流量大于 3 752 m³/s，小于或等于 12 100 m³/s 时，泄洪水流通过机组和表孔联合下泄，机组下泄流量 3 752 m³/s，其余通过河床内 3 个表孔弧门下泄。

（3）当入库流量大于 12 100 m³/s 时，上下游水位差小于机组的最小发电水头，发电机组将停机不再过流，水流将全部通过泄洪表孔下泄。

（4）当入库流量大于 14 200 m³/s（$P=1\%$），库水位在 1 022.00 m 以上时，按金沙水电站泄流能力下泄，确保枢纽安全。

3. 发电调度

金沙水电站具有日调节能力，电站保证出力 207 MW，装机容量 560 MW，多年平均年发电量 21.77 亿 kW·h（龙盘水电站建成后 25.07 亿 kW·h），向四川电网送电，主要供电攀枝花，将主要承担系统基荷和腰荷。金沙水电站发电调度运行方式如下。

（1）汛期。当观音岩水电站不承担日调峰任务时，金沙水电站坝前水位维持在正常蓄水位 1 022 m 运行。发生洪水时按"敞泄"方式操作，调洪计算原则如下：当洪水来量小于等于泄水建筑物泄洪能力 14 200 m^3/s 时，按来量下泄；当洪水来量大于泄水建筑物泄洪能力时，按泄洪能力下泄，即下泄流量大于 14 200 m^3/s，多余洪量蓄在水库中，坝前水位相应抬高；金沙水电站机组在遭遇 20 年一遇频率以上洪水时，电站发电水头低于最小发电水头，电站停止发电，因此，水库洪水调节计算时不考虑机组参与泄洪。

（2）枯水期。观音岩水电站承担日调峰任务时，金沙水电站承担反调节任务，具体日运行方式为：①在低谷时段观音水电站下泄最小流量（350 m^3/s）时，金沙水电站水库下泄基荷流量 439 m^3/s、逐步放空调节库容；②平段金沙水电站水库不调蓄、来多少泄多少；③待峰荷时段观音岩水电站加大发电流量时，金沙水电站水库存蓄部分水量充蓄调节库容，在逐步加大金沙水电站的发电负荷的同时，尽量将坝前水位蓄至正常蓄水位 1 022.00 m；④库水位每日在正常蓄水位 1 022.00 m 和死水位 1 020.00 m 间波动。

第 3 章

鱼类资源及生态习性

3.1 工程江段鱼类资源状况

3.1.1 鱼类区系组成

鱼类区系研究主要通过鱼类进化关系与分布格局的比较分析，研究不同鱼类的起源与扩散路线，推论具体区域的地质过程。由于自然选择与适应辐射的影响，多数鱼类分类阶元都分化出适应不同生态环境的类群，丰富了鱼类种类组成。相关成果可以在相关研究缺乏时，间接地推测鱼类生态习性与潜在分布区域，以期为制定不同种类的保护策略提供依据。

金沙江石鼓—雅砻江河口为金沙江中游段，长约 563.5 km，天然落差约 837.9 m，平均比降 1.49‰。该河段为峡宽相间河谷段，地势起伏剧烈，总体地势北高南低，窄谷与宽谷束放相间，水流湍急，滩潭交替，缓急相间，绝大部分河段具有山高、谷深、狭窄、河道弯曲、崖陡等特点。属典型的峡谷激流生境，特异性的生态环境条件孕育了水生生物的多样性。

吴江和吴明森（1990）研究发现，以石鼓为界可以将金沙江分为上游段和下游段。石鼓江段对大多数平原型鱼类而言是一道难以逾越的天然屏障，上下游段生境条件差异显著，鱼类种类组成也存在较大差异。总体而言，金沙江下游段鱼类区系主要由中国江河平原鱼类区系复合体、印度平原鱼类区系复合体、中印山区鱼类区系复合体、中亚高原山区鱼类区系复合体、古代新近纪鱼类区系复合体和北方平原鱼类区系复合体组成。

（1）中国江河平原鱼类区系复合体的种类最多，但是绝大多数种类仅分布在海拔 1 200 m 的金沙江中游金江街一带。

（2）印度平原鱼类区系复合体的种类主要集中在金沙江下游段。长吻鮠的分布可延伸到海拔 1 000 m 左右的攀枝花一带。

（3）中印山区鱼类区系复合体的种类大多适应于山溪急流中生活，多分布在支流中，冬季在干流越冬，春夏在支流中繁殖和肥育，个别种的分布上界可扩展到中亚高原山区鱼类区系复合体的分布范围内，如鲱类和中华金沙鳅。

（4）中亚高原山区鱼类区系复合体主要分布在金沙江上游段。虽然在金沙江下游段，甚至在河口也有少数几种，但种群数量不大，如裸腹重唇鱼、软刺裸裂尻鱼、厚唇重唇鱼、长丝裂腹鱼、齐口裂腹鱼、短须裂腹鱼等。

（5）古代新近纪鱼类区系复合体种类主要分布在金沙江下游段干支流及其附属水体，如胭脂鱼、鲇、泥鳅等。

（6）北方平原鱼类区系复合体在金沙江仅有 3 种鲟分布，且分布于新市以下的河口段，一般并不进入支流。受下游梯级建设影响，金沙江攀枝花段已无鲟分布。

综上所述，金沙江流域的中国江河平原鱼类区系复合体、印度平原鱼类区系复合体和古代上第三纪鱼类区系复合体的鱼类都有相似的分布区域和分布特点，即主要在盆地、丘陵和低山地区的河流下游段，中印山区鱼类区系复合体鱼类分布在下游段干、支流的急流江段，身体有特化构造和适应能力强的代表种则分布广泛，如鲱类分布可延伸到上游段的干、支流。纬度较低的石鼓以下江段，鱼类的生态环境具有多样性，因而鱼类的种类繁多；而在纬度较高的上游段，自然条件较严酷，所以几乎只有冷水性的中亚高原山区鱼类区系复合体鱼类得以生存，种类十分单调。很明显，金沙江流域的鱼类反映出东洋界与古北界物种在此衔接分布的特征，其衔接的分界点在石鼓附近的虎跳峡。

金沙江水电工程河段处于金沙江中游与下游的交汇处，属江河平原鱼类与青藏高原鱼类的过渡分布水域，以江河平原鱼类为主，也有高原鱼类区系的一些种类，鱼类种类较多，共记载鱼类 149 种，其中长江上游特有鱼类 52 种。

3.1.2 鱼类种类组成及分布

1. 种类组成

根据《四川鱼类志》[①]、《云南鱼类志》[②]、《中国动物志 硬骨鱼纲 鲇形目》[③]、《中国动物志 硬骨鱼纲 鲤形目》[④]、《横断山区鱼类》[⑤]及杨志等（2014）、高少波等（2013）等发表的文献资料，在工程影响区域共分布有鱼类 124 种[不包括 1974 年以后引入上游的外来物种，如大银鱼（*Protosalanx hyalocranius*）、太湖新银鱼（*Neosalanx taihuensis*）等]，其中长江上游特有鱼类 40 种（表 3.1.1），这些鱼类为工程影响区域的土著种类，在选择过鱼种类时应充分考虑这些物种在该区域的分布情况，其中长江上游特有鱼类及保护鱼类应为过鱼种类中重要考虑的对象。

---

① 丁瑞华. 四川鱼类志[M]. 成都：四川科学技术出版社，1994.
② 褚新洛，陈银瑞，等. 云南鱼类志（上）[M]. 北京：科学出版社，1989.
③ 中国科学院中国动物志编辑委员会. 中国动物志 硬骨鱼纲 鲇形目[M]. 北京：科学出版社，2018.
④ 中国科学院中国动物志编辑委员会. 中国动物志 硬骨鱼纲 鲤形目（中卷）[M]. 北京：科学出版社，2018.
⑤ 中国科学院青藏高原综合科学考察队. 横断山区鱼类[M]. 北京：科学出版社，1998.

表 3.1.1　工程影响区域鱼类的历史种类组成

中文种名	拉丁学名	是否特有种
达氏鲟	*Acipenser dabryanus* Duméril	是
中华鲟	*Acipenser sinensis* Gray	否
鳗鲡	*Anguilla japonica* Temminck et Schlegel	否
胭脂鱼	*Myxocyprinus asiaticus*（Bleeker）	否
红尾副鳅	*Paracobitis variegatus*（Sauvage et Dabry）	否
短体副鳅	*Paracobitis potanini*（Günther）	是
横纹南鳅	*Schistura fasciolata*（Nichols et Pope）	否
云斑山鳅	*Oreias dabryi* Sauvage	是
前鳍高原鳅	*Triplophysa anterodorsalis*（Zhu et Cao）	是
贝氏高原鳅	*Triplophysa bleekeri*（Sauvage et Dabry）	否
细尾高原鳅	*Triplophysa stenura*（Herzenstein）	否
中华沙鳅	*Botia superciliaris* Günther	否
宽体沙鳅	*Botia reevesae* Chang	是
花斑副沙鳅	*Parabotia fasciata* Dabry	否
双斑副沙鳅	*Parabotia bimaculata* Chen	是
长薄鳅	*Leptobotia elongata*（Bleeker）	是
紫薄鳅	*Leptobotia taeniops*（Sauvage）	否
小眼薄鳅	*Leptobotia microphthalma* Fu et Ye	是
红唇薄鳅	*Leptobotia rubrilabris*（Dabry）	是
中华花鳅	*Cobitis sinensis* Sauvage et Dabry	否
泥鳅	*Misgurnus anguillicaudatus*（Cantor）	否
大鳞副泥鳅	*Paramisgurnus dabryanus* Sauvage	否
宽鳍鱲	*Zacco platypus*（Temminck et Schlegel）	否
马口鱼	*Opsariichthys bidens* Günther	否
青鱼	*Mylopharyngodon piceus*（Richardson）	否
草鱼	*Ctenopharyngodon idellus*（Cuvier et Valenciennes）	否
赤眼鳟	*Squaliobarbus curriculus*（Richardson）	否
黄尾鲴	*Xenocypris davidi* Bleeker	否
细鳞鲴	*Xenocypris microlepis* Bleeker	否
似鳊	*Pseudobrama simoni*（Bleeker）	否
鳙	*Aristichthys nobilis*（Richardson）	否

续表

中文种名	拉丁学名	是否特有种
鲢	*Hypophthalmichthys molitrix*（Cuvier et Valenciennes）	否
高体鳑鲏	*Rhodeus ocellatus*（Kner）	否
彩石鳑鲏	*Rhodeus lighti*（Wu）	否
大鳍鱊	*Acheilognathus macropterus*（Bleeker）	否
兴凯鱊	*Acheilognathus chankaensis*（Dybowski）	否
彩副鱊	*Paracheilognathus imberbis*（Günther）	否
中华银飘鱼	*Pseudolaubuca sinensis* Bleeker	否
寡鳞飘鱼	*Pseudolaubuca engraulis*（Nichols）	否
伍氏华鳊	*Sinibrama wui*（Rendahl）	否
四川华鳊	*Sinibrama teaniatus* Chang	是
高体近红鲌	*Ancherythroculter kurematsui*（Kimura）	是
黑尾近红鲌	*Ancherythroculter nigrocauda* Yih et Woo	是
半𩾃	*Hemiculterella sauvagei* Warpachowski	是
𩾃	*Hemiculter leucisculus*（Basilewsky）	否
张氏𩾃	*Hemiculter tchangi* Fang	是
贝氏𩾃	*Hemiculter bleekeri* Warpachowski	否
翘嘴鲌	*Culter alburnus* Basilewsky	否
蒙古鲌	*Culter mongolicus mongolicus*（Basilewsky）	否
达氏鲌	*Culter dabryi* Bleeker	否
鳊	*Parabramis pekinensis*（Basilewsky）	否
厚颌鲂	*Megalobrama pellegrini*（Tchang）	是
花䱻	*Hemibarbus maculatus* Bleeker	否
麦穗鱼	*Pseudorasbora parva*（Temminck et Schlegel）	否
银鮈	*Squalidus argentatus*（Sauvage et Dabry）	否
铜鱼	*Coreius heterodon*（Bleeker）	否
圆口铜鱼	*Coreius guichenoti*（Sauvage et Dabry）	是
吻鮈	*Rhinogobio typus* Bleeker	否
圆筒吻鮈	*Rhinogobio cylindricus* Günther	是
长鳍吻鮈	*Rhinogobio ventralis*（Sauvage et Dabry）	是
棒花鱼	*Abbotina rivularis*（Basilewsky）	否
钝吻棒花鱼	*Abbotina obtusirostris* Wu et Wang	是

续表

中文种名	拉丁学名	是否特有种
蛇鮈	*Saurogobio dabryi* Bleeker	否
长蛇鮈	*Saurogobio dumerili* Bleeker	否
宜昌鳅鮀	*Gobiobotia filifer*（Garman）	否
异鳔鳅鮀	*Xenophysogobio boulengeri* Tchang	是
裸体异鳔鳅鮀	*Xenophysogobio nudicorpa* Huang et Zhang	是
中华倒刺鲃	*Spinibarbus sinensis*（Bleeker）	否
鲈鲤	*Percocypris pingi*（Tchang）	是
云南光唇鱼	*Acrossocheilus yunnanensis*（Regan）	否
白甲鱼	*Onychostoma sima*（Sauvage et Dabry）	否
四川白甲鱼	*Onychostoma angustistomata*（Fang）	是
瓣结鱼	*Tor*（*Folifer*）　*brevifilis*（Peters）	否
华鲮	*Sinilabeo rendahli*（Kimura）	是
泉水鱼	*Semilabeo prochilus*（Sauvage et Dabry）	否
墨头鱼	*Garra pingi*（Tchang）	否
云南盘鮈	*Discogobio yunnanensis*（Regan）	否
短须裂腹鱼	*Schizothorax wangchiachii*（Fang）	是
长丝裂腹鱼	*Schizothorax dolichonema* Herzenstein	是
齐口裂腹鱼	*Schizothorax prenanti*（Tchang）	是
细鳞裂腹鱼	*Schizothorax chongi*（Fang）	是
四川裂腹鱼	*Schizothorax kozlovi* Nikolsky	是
岩原鲤	*Procypris rabaudi*（Tchang）	是
鲤	*Cyprinus carpio* Linnaeus	否
鲫	*Carassius auratus*（Linnaeus）	否
四川爬岩鳅	*Beaufortia szechuanensis*（Fang）	是
犁头鳅	*Lepturichthys fimbriata*（Günther）	否
短身金沙鳅	*Jinshaia abbreviata*（Günther）	是
中华金沙鳅	*Jinshaia sinensis*（Sauvage et Dabry）	是
西昌华吸鳅	*Sinogastromyzon sichangensis* Chang	是
四川华吸鳅	*Sinogastromyzon szechuanensis* Fang	是
峨嵋后平鳅	*Metahomaloptera omeiensis* Chang	否
鲇	*Silurus asotus* Linnaeus	否

续表

中文种名	拉丁学名	是否特有种
南方鲇	*Silurus meridionalis* Chen	否
黄颡鱼	*Pelteobagrus fulvidraco*（Richardson）	否
瓦氏黄颡鱼	*Pelteobagrus vachelli*（Richardson）	否
光泽黄颡鱼	*Pelteobagrus nitidus*（Sauvage et Dabry）	否
长吻鮠	*Leiocassis longirostris* Günther	否
粗唇鮠	*Leiocassis crassilabris* Günther	否
圆尾拟鲿	*Pseudobagrus tenuis*（Günther）	否
切尾拟鲿	*Pseudobagrus truncatus*（Regan）	否
凹尾拟鲿	*Pseudobagrus emarginatus*（Regan）	否
细体拟鲿	*Pseudobagrus pratti*（Günther）	否
大鳍鳠	*Mystus macropterus*（Bleeker）	否
白缘鉠	*Liobagrus marginatus*（Bleeker）	否
黑尾鉠	*Liobagrus nigricauda* Regan	否
拟缘鉠	*Liobagrus marginatoides*（Wu）	是
福建纹胸鮡	*Glyptothorax fukiensis*（Rendahl）	否
黄石爬鮡	*Euchiloglanis kishinouyei* Kimura	是
青石爬鮡	*Euchiloglanis davidi*（Sauvage）	是
中华鮡	*Pareuchiloglanis sinensis*（Hora et Silas）	是
前臀鮡	*Pareuchiloglanis anteanalis* Fang, Xu et Cui	是
青鳉	*Oryzias latipes*（Temminck et Schlegel）	否
九州鱵	*Hemiramphus kurumeus* Jordan et Starks	否
黄鳝	*Monopterus albus*（Zuiew）	否
鳜	*Siniperca chuatsi*（Basilewsky）	否
大眼鳜	*Siniperca kneri* Garman	否
小黄黝鱼	*Hypseleotris swinhonis*（Herre）	否
子陵吻鰕虎鱼	*Rhenogobius giurinus*（Rutter）	否
波氏吻鰕虎鱼	*Rhenogobius cliffordpopei*（Nichols）	否
圆尾斗鱼	*Macropodus chinensis*（Bloch）	否
叉尾斗鱼	*Macropodus opercularis*（Linnaeus）	否
乌鳢	*Channa argus*（Cantor）	否
中华刺鳅	*Sinobdella sinensis*（Bleeker）	否

2. 现状种类组成

在金沙江中游金安桥以下电站未蓄水发电的 2009～2012 年，及金沙江下游金安桥以下电站均蓄水发电的 2015 年，对工程影响区域的鱼类种类组成的现状分布进行了调查，结果显示：2009～2012 年采集到样本 8 663 尾，共鉴定出种类 60 种，隶属于 3 目 10 科 38属；2015 年在金沙江观音岩至三堆子江段采集到鱼类标本 1 090 尾，隶属于 3 目 6 科 22属。两次采样，共采集到鱼类 3 目 10 科 41 属 63 种（表 3.1.2）。

表 3.1.2　工程影响区域鱼类的现状种类组成

种类	年份				
	2009	2010	2011	2012	2015
鲤形目 Cypriniformes					
鳅科 Cobitidae					
红尾副鳅 *Paracobitis variegatus*（Sauvage et Dabry）	＋	＋	＋	＋	＋
中华沙鳅 *Botia superciliaris* Gotia s	＋	＋	＋	＋	＋
宽体沙鳅 *Botia reevesae* Chang	＋	＋	＋	＋	
短体副鳅 *Paracobitis potanini* Gacobiti	＋	＋			
横纹南鳅 *Schistura fasciolata*（Nichols et Pope）	＋				
长薄鳅 *Leptobotia elongata*（Bleeker）	＋	＋	＋	＋	＋
紫薄鳅 *Leptobotia taeniops*（Sauvage）	＋	＋	＋	＋	
红唇薄鳅 *Leptobotia rubrilabris*（Dabry）			＋		
泥鳅 *Misgurnus anguillicaudatus*（Cantor）	＋	＋	＋	＋	
前鳍高原鳅 *Triplophysa anterodorsalis*（Zhu et Cao）	＋	＋	＋	＋	＋
贝氏高原鳅 *Triplophysa bleekeri*（Sauvage et Dabry）					＋
细尾高原鳅 *Triplophysa stenura*（Herzenstein）				＋	＋
鲤科 Cyprinidae					
宽鳍鱲 *Zacco platypus*（Temminck et Schlegel）	＋	＋	＋	＋	
高体鳑鲏 *Rhodeus ocellatus*（Kner）		＋			
半鳘 *Hemiculterella sauvagei* Warpachowski	＋	＋	＋	＋	
鳘 *Hemiculter leucisculus*（Basilewsky）	＋	＋			＋
张氏鳘 *Hemiculter tchangi* Fang	＋	＋	＋	＋	
麦穗鱼 *Pseudorasbora parva*（Temminck et Schlegel）	＋	＋	＋	＋	
银鮈 *Squalidus argentatus*（Sauvage et Dabry）	＋	＋			
铜鱼 *Coreius heterodon*（Bleeker）	＋				

续表

种类	年份				
	2009	2010	2011	2012	2015
圆口铜鱼 *Coreius guichenoti*（Sauvage et Dabry）	+	+	+	+	+
吻鮈 *Rhinogobio typus* Bleeker	+	+			
圆筒吻鮈 *Rhinogobio cylindricus* Gunther	+	+			
长鳍吻鮈 *Rhinogobio ventralis*（Sauvage et Dabry）	+	+	+	+	+
棒花鱼 *Abbotina rivularis*（Basilewsky）	+	+	+	+	
钝吻棒花鱼 *Abbotina obtusirostris* Wu et Wang	+	+			
蛇鮈 *Saurogobio dabryi* Bleeker	+	+	+	+	+
长蛇鮈 *Saurogobio dumerili* Bleeker	+	+			
宜昌鳅鮀 *Gobiobotia filifer*（Garman）			+	+	
异鳔鳅鮀 *Xenophysogobio boulengeri* Tchang			+	+	+
裸体鳅鮀 *Xenophysogobio nudicorpa* Huang et Zhang					+
中华倒刺鲃 *Spinibarbus sinensis*（Bleeker）	+		+		
云南光唇鱼 *Acrossocheilus yunnanensis*（Regan）	+				
白甲鱼 *Onychostoma sima*（Sauvage et Dabry）	+	+			
泉水鱼 *Pseudogyrinocheilus prochilus*（Sauvage et Dabry）	+	+	+		
墨头鱼 *Garra pingi pingi*（Tchang）	+	+	+	+	+
齐口裂腹鱼 *Schizothorax*（*S.*）*prenanti*（Tchang）			+	+	+
长丝裂腹鱼 *Schizothorax*（*S.*）*dolichonema* Herzenstein	+	+			
细鳞裂腹鱼 *Schizothorax*（*S.*）*chongi*（Fang）	+	+	+	+	
短须裂腹鱼 *Schizothorax wangchiachii*（Fang）	+	+	+	+	+
鲈鲤 *Percocypris pingi*（Tchang）	+	+			
鲤 *Cyprinus carpio* Linnaeus	+	+	+	+	
鲫 *Carassius auratus*（Linnaeus）	+	+	+	+	
平鳍鳅科 Homalopteridae					
犁头鳅 *Lepturichthys fimbriata* Gpturich	+	+	+	+	+
中华金沙鳅 *Jinshaia sinensis*（Sauvage et Dabry）	+	+	+	+	+
峨嵋后平鳅 *Metahomaloptera omeiensis* Chang					+
鲇形目 Suluriformes					
鲇科 Siluridae					
鲇 *Silurus asotus* Linnaeus	+	+	+	+	

续表

种类	年份				
	2009	2010	2011	2012	2015
南方鲇 Silurus meridionalis Chen	+		+	+	
鲿科 Bagridae					
黄颡鱼 Pelteobagrus fulvidraco（Richardson）	+	+		+	+
瓦氏黄颡鱼 Pelteobagrus vachelli（Richardson）	+	+	+	+	+
光泽黄颡鱼 Pelteobagrus nitidus（Sauvage et Dabry）	+	+			
粗唇鮠 Leiocassis crassilabris Geiocas	+	+	+	+	+
切尾拟鲿 Pseudobagrus truncatus（Regan）	+				
凹尾拟鲿 Pseudobagrus emarginatus（Regan）	+	+	+	+	+
细体拟鲿 Pseudobagrus pratti Gudobagr	+	+	+	+	+
钝头鱼危科 Amblycipitidae					
白缘鉠 Liobagrus marginatus（Bleeker）	+	+	+	+	+
拟缘鉠 Liobagrus marginatoides（Wu）		+			
鮡科 Sisoridae					
福建纹胸鮡 Glyptothorax fukianensis（Rendahl）	+	+	+	+	+
黄石爬鮡 Euchiloglanis kishinouyei Kimura					+
鲈形目 Perciformes					
塘鳢科 Eleotridae					
沙塘鳢 Odontobutis obscurus（Temminck et Schlegel）	+	+			
小黄黝鱼 Hypseleotris swinhonis（Herre）		+			
虾虎鱼科 Bodiidae					
子陵吻虾虎鱼 Ctenogobius giurinus（Rutter）	+	+	+	+	+
斗鱼科 Belontiddae					
圆尾斗鱼 Macropodus chinensis（Bloch）		+			
合计（63 种）	51	49	38	37	28

　　统计表明该江段主要类群有：鳅科鮈亚科类群（长鳍吻鮈、圆口铜鱼、蛇鮈等）、裂腹鱼亚科类群（短须裂腹鱼、四川裂腹鱼、细鳞裂腹鱼等）、沙鳅亚科类群（中华沙鳅、长薄鳅等）、鲇形目类群（鲇、粗唇鮠等）及野鲮亚科类群（墨头鱼及本次未采集到的泉水鱼）等。鱼类以小型个体居多，单尾均重 30～40 g。近年来，鲿科及鳅科等小型流水鱼类逐渐成为该区域的优势类群，而裂腹鱼、长鳍吻鮈、长薄鳅、墨头鱼等鱼类在渔获物中的比例呈明显下降趋势。尽管如此，由于下游流水生境的减少（向家坝、溪洛渡蓄水），圆口铜鱼

上迁到巧家以上区域，从而导致攀枝花段圆口铜鱼在渔获物中的比例有所增加。

金沙江攀枝花段分布的鱼类中，有 3 种珍稀保护鱼类，其中达氏鲟、中华鲟由于受到葛洲坝、三峡工程、向家坝等大坝的阻隔，已多年未在本江段发现，而胭脂鱼在金沙江下游江段则偶有发现。

3.1.3　主要经济鱼类资源状况

1. 2009～2012 年主要经济鱼类资源状况

2009～2012 年在金沙江攀枝花段进行渔获物调查，渔获物中重量占比最大的依次为圆口铜鱼（40.22%）、长鳍吻鮈（20.00%）、中华沙鳅（3.91%）（表 3.1.3），此外占一定比例的种类还有中华金沙鳅（2.28%）、细鳞裂腹鱼（1.96%）、福建纹胸鮡（1.82%）、凹尾拟鲿（1.73%）、白缘𫚙（1.60%）等，以上 8 种合计占渔获物总重量的 73.52%，是该江段的主要渔获品种。此外，数量占比最大的 3 种依次为长鳍吻鮈（23.94%）、白缘𫚙（9.38%）和中华金沙鳅（7.54%）。

表 3.1.3　2009～2012 年工程影响区域的主要经济鱼类

鱼名	尾数/尾	尾数百分比/%	体重/g	重量百分比/%	平均体重/g
长鳍吻鮈	2074	23.94	54 007.8	20.00	26.0
白缘𫚙	813	9.38	4 312.6	1.60	5.3
中华金沙鳅	653	7.54	6 163.4	2.28	9.4
福建纹胸鮡	653	7.54	4 909.7	1.82	7.5
凹尾拟鲿	520	6.00	4 666.7	1.73	9.0
圆口铜鱼	505	5.83	108 637.6	40.22	215.1
中华沙鳅	490	5.66	10 558.7	3.91	21.5
犁头鳅	485	5.60	2 004.3	0.74	4.1
红尾副鳅	250	2.89	1 925.3	0.71	7.7
前鳍高原鳅	210	2.42	1 197.8	0.44	5.7
细鳞裂腹鱼	209	2.41	5 292.5	1.96	25.3
宽鳍鱲	174	2.01	1 245.7	0.46	7.2
其他鱼类	1627	18.78	65 170.9	24.13	—

2. 2015 年主要经济鱼类资源状况

2015 年在金沙江攀枝花段进行的渔获物调查，渔获物中重量占比最大的 3 种依次为福建纹胸鮡（24.40%）、圆口铜鱼（16.59%）、白缘𫚙（11.80%）（表 3.1.4）。此外占一定比例的种类还有细体拟鲿（10.21%）、凹尾拟鲿（7.70%）、齐口裂腹鱼（5.58%）、红尾副鳅

（5.31%）、中华沙鳅（3.49%）等，以上 8 种合计占渔获物的 85.08%，是该江段的主要渔获品种。数量占比最大的 3 种依次为福建纹胸鳅（34.04%）、红尾副鳅（15.50%）、白缘䱀（10.73%）。

表 3.1.4 2015 年金沙江攀枝花段渔获物组成

种类	体长/cm		体重/g		比例/%	
	范围	平均	范围	平均	尾数	重量
福建纹胸鳅	48～102	78	2.1～20.1	9.0	34.04	24.40
圆口铜鱼	87～268	167	12.4～361.6	87.3	2.39	16.59
白缘䱀	54～120	96	2.5～28.5	13.8	10.73	11.80
细体拟鲿	88～290	121	8.0～182.8	19.4	6.61	10.21
凹尾拟鲿	64～187	91	4.2～77.1	12.7	7.61	7.70
齐口裂腹鱼	166～235	191	66.4～233.0	127.3	0.55	5.58
红尾副鳅	48～104	78	1.3～10.6	4.3	15.50	5.31
中华沙鳅	65～141	120	4.1～33.5	19.1	2.29	3.49
长薄鳅	74～163	107	5.2～48.9	13.3	2.84	3.01
中华金沙鳅	49～88	69	1.5～8.5	4.7	7.61	2.85
短须裂腹鱼	231～231	231	236.8～236.8	236.8	0.09	1.73
鲫	119～128	124	46.0～65.8	56.7	0.37	1.66
细尾高原鳅	68～92	82	5.0～10.4	7.3	2.11	1.23
裸体异鳔鳅鮀	64～88	72	4.2～10.7	6.3	2.02	1.01
勃氏高原鳅	78～94	87	6.7～11.6	10.0	0.92	0.73
长鳍吻鮈	135～135	135	32.3～43	37.7	0.18	0.55
蛇鮈	123～148	132	19.3～31.0	23.7	0.28	0.52
其他鱼类	—	—	—	—	3.86	1.63

3.1.4 产漂流性鱼类产卵场分布

2013～2014 年 4 月至 7 月，按照鱼类早期资源调查方法，分别在金沙江中游攀枝花格里坪金沙滩、云南巧家白鹤滩、云南禄劝皎平渡大桥下、四川宜宾中坝桥下开展鱼类早期资源调查。通过鱼卵胚胎发育时间，以及采集断面的平均流速，求取漂流距离，并把各个批（次）鱼卵产出地的集中江段划分为产卵场。

鱼类早期资源调查结果表明：金沙江中下游需满足一定水文条件才能产卵的鱼类主要有圆口铜鱼、蛇鮈、犁头鳅、长鳍吻鮈、中华金沙鳅、中华沙鳅和花斑副沙鳅等 7 种，其中圆口铜鱼、长鳍吻鮈、中华金沙鳅为长江上游特有鱼类和金沙江中、下游重要的经济鱼类。这 3 种鱼类的产卵时间一致，产卵场分布也较为一致。根据 2013～2014 年的早期资源调查，这 3 种重要鱼类在金沙江中下游的产卵场主要有皎平渡产卵场、江边产卵场、攀枝花产卵场、铁锁产卵场、湾碧产卵场、温泉产卵场共 6 个。

（1）皎平渡产卵场。皎平渡大桥以上约 29 km 江段，由桑椹期至原肠晚期鱼卵推算而来，距离采样断面约 16～45 km。

（2）江边产卵场。元谋江边以上 2～12 km 江段，由尾芽期至尾鳍出现期鱼卵推算得来。

（3）攀枝花产卵场。攀枝花马头滩（攀枝花金江下游江段）上下游约 30 km 江段，由心脏原基期至心脏搏动期推算得来。

（4）铁锁产卵场。大姚铁锁下游，位于观音岩库区库尾，为尾芽期至尾鳍出现期鱼卵推算得来。

（5）湾碧产卵场。距铁锁产卵场 18 km，位于湾碧傣族傈僳乡附近，为神经胚至胚孔封闭期鱼卵推算得来。

（6）温泉产卵场。距湾碧产卵场 16 km，自华坪温泉至永仁永兴金沙江干流江段，位于大姚湾碧下游，为原肠晚期至原肠早期鱼卵推算得来。

3.1.5　鱼类资源变动趋势

总体而言，该江段鱼类主要由适应流水生境的种类构成，包括长鳍吻鮈、中华沙鳅、长薄鳅、裂腹鱼类、圆口铜鱼等。2009～2015 年，由于中游观音岩水电工程、鲁地拉水电工程、龙开口水电工程等，以及下游向家坝水电工程、溪洛渡水电工程、白鹤滩水电工程、乌东德水电工程的截流或蓄水，工程影响区域的主要经济鱼类发生较大改变：①长鳍吻鮈、墨头鱼、细鳞裂腹鱼等个体规格较大的种类在渔获物中的数量和重量明显降低；②福建纹胸鳅、细体拟鲿、红尾副鳅等小型适应流水生境的鱼类的丰度有所增加。

3.2　鱼类生态习性

3.2.1　栖息特征

在金沙江分布的鱼类多具有适应当地急流型水生生境的形态或构造的特点，多数鱼类体形细长、善于游泳或有吸盘等吸附构造，适应底栖或中下水层生活，饵料组成以底栖、固着生物为主。在金沙水电站影响区域可能分布的 149 种鱼类中，底栖和中下层生活的鱼类有 115 种，占 77.2%，中上层鱼类 20 种，占 13.4%，生活在浅水区域的种类 14 种，占 9.4%。

根据其生活史各阶段对流水生境的依赖程度，可以划分为 3 类。

（1）对流水生境依赖程度高，需要在流水环境中完成整个生活史的或部分生活史重要过程的种类。这类种类数量众多，且多数为该河段的重要经济鱼类，如长薄鳅、圆口铜鱼、圆筒吻鉤、长鳍吻鉤等。

（2）对流水生境依赖程度较高，但完成生活史不需要大的空间的种类。这类多为小型山溪性种类，如犁头鳅、宽鳍鱲、红尾副鳅等。

（3）对流水生境依赖程度低，适应缓流、静水生境的鱼类。在该河段分布的有鲤、鲫、鲇、鳜、黄颡鱼、麦穗鱼、棒花鱼等，其中部分种类也属该地区的重要经济鱼类。

3.2.2　食性

在金沙水电站影响区域分布的鱼类根据其成鱼的摄食对象，可以划分为 3 类。

（1）草食性鱼类：包括以水生维管植物为食或藻类为食的鱼类，如摄食着生藻类的，鲴属、白甲鱼属，以及野鲮亚科、裂腹鱼亚科的某些种类，他们的口裂较宽，近似横裂，下颌前缘具有锋利的角质，适应于刮取生长于石上的藻类的摄食方式。这些鱼类约 29 种，占 19.5%；摄食水草的鱼类，仅鳊、草鱼 2 种，占 1.3%；摄食浮游植物的鲢等。

（2）肉食性鱼类：包括以无脊椎动物如浮游动物及底栖动物为食，或以脊椎动物（主要为鱼类）为食的鱼类。如摄食底栖无脊椎动物的鱼类，大部分鳅科、平鳍鳅科、姚科、鳡科、钝头鮠科、部分裂腹鱼类、岩原鲤等，这一类型的鱼类种类众多，约有 76 种，占影响区鱼类总数的 51%；以捕食别种鱼类的有 18 种，包括长薄鳅、鲈鲤、鲌类、鳜类、鲇类等，占 12.1%。

（3）杂食性鱼类：包括鲤、鲫、厚颌鲂、圆口铜鱼、圆筒吻鉤、长鳍吻鉤等共 24 种，占 16.1%。这些种类既摄食水生昆虫、虾类、软体动物等动物性饵料，也摄食藻类及植物的残渣、种子等。

3.2.3　繁殖习性

在金沙水电站影响区域分布的鱼类产卵类型可以分为 3 类。

（1）产漂流性卵鱼类：此类主要是生活在江河水体中、上层的鱼类，如长薄鳅、圆口铜鱼、圆筒吻鉤、长鳍吻鉤等。这一类鱼卵其比重略大于水，但产出后卵膜吸水膨胀，在水流的外力作用下，鱼卵悬浮在水层中顺水漂流。此繁殖类群对环境要求较高，必须满足一定的水温、水位、流速、流态、流程等水文条件才能完成繁殖和孵化。

（2）产沉性卵鱼类：这是典型的适应浅滩激流流水环境的鱼类，一般不进入静水和缓流水环境生活。例如裂腹鱼、墨头鱼、岩原鲤、白甲鱼等，需要在水流较缓的"滩"和"沱"里产卵。有的裂腹鱼甚至在河滩将沙砾掘成浅坑，产卵于其中。这类鱼的卵产出后，一般发育时间较长，面临的最大危险是底层鱼类的捕食，不过，由于卵散布在砾石滩上，大部分掉进石头缝隙中，可以减少受伤害的机会。

（3）产黏性卵鱼类：此类鱼主要生活在江河水体中、下层，繁殖季节在每年的 2 月，也有些种类延迟到 4～5 月，根据卵黏性程度不同又可以分为弱黏性和强黏性卵两类：①产弱黏性卵的种类如中华倒刺鲃所产鱼卵卵周隙较大，卵膜外径可达 3.3 mm，弱黏性，在静水水体中产于水草或石砾表面，在缓流水体则可漂流孵化；②产强黏性卵的种类通常生活于激流浅滩或流速较大的河槽，产出的卵牢固地黏附在石砾表面，激流中孵化，如瓦氏黄颡鱼、粗唇鮠等。

3.2.4 洄游习性

洄游是鱼类运动的一种特殊形式，是一些鱼类的主动、定期、定向、集群、具有种群特点的水平移动。洄游也是一种周期性运动，随着鱼类生命周期各个环节的推移，每年重复进行。按洄游的动力，可分为被动洄游和主动洄游；按洄游的方向，可分为向陆洄游和离陆洄游、降河（海）洄游和溯河洄游等。根据生命活动过程中的作用（或者洄游目的）可划分为生殖洄游、索饵洄游和越冬洄游，这 3 种洄游共同组成鱼类的洄游周期。

金沙江中游江段鱼类区系组成既有较长距离的江河洄游鱼类，也有短距离的繁殖、索饵、越冬等区域性洄游鱼类，还有淡水定居性鱼类。

（1）较长距离的江河洄游种类以圆口铜鱼、长薄鳅、长鳍吻鮈等产漂流性卵的种类为代表。其产卵场与仔鱼、稚鱼的索饵场距离相当远，为完成生活史的全部阶段，这些鱼类往往需要进行长距离的洄游。此繁殖类群对繁殖环境要求较高，必须满足一定的水温、水位、流速、流态、流程等水文条件才能完成繁殖和孵化。

（2）短距离的繁殖、索饵、越冬等区域性洄游鱼类，包括鲤形目的鲤科、鳅科、平鳍鳅科，以及鲇形目鲇科、鲿科的大部分种类，均有随季节变化、水位涨落，为了繁殖、索饵、越冬等目的，在干流上下、干支流间迁移活动的习性。这些种类通常在急流的砾石底浅滩上产黏沉性卵。仔鱼孵出后则在产卵场附近进行索饵，即使受水流影响向下漂流，漂流的距离也不很长。繁殖季节，亲鱼会溯河就近寻找合适的基质及水流条件繁殖。这些种类在早期发育阶段对低溶氧的耐受能力较差，足够的水流对这些种类而言是一个相当重要的环境因子。

（3）定居性种类的典型代表为鲤、鲫等。这部分鱼类原在静止水体中即可完成其生活史的全部阶段。繁殖时，亲鱼短距离迁移至近岸带，卵即黏附在水边的植物或其他物体上发育。

根据鱼类对流速的偏好、食性、洄游特征和繁殖特征，将工程区域历史和现状分布鱼类进行归纳，其结果如表 3.2.1 所示。

表 3.2.1　工程影响区域鱼类的生态习性汇总表

中文种名	流速偏好	食性	洄游特征	繁殖特征
达氏鲟	R	O，ZB	PD	SDE
中华鲟	R	O，ZB	AD	SDE
鳗鲡	R	C	CD	SSE
胭脂鱼	EU	ZB	PD	SDE
红尾副鳅	R	ZB	IF	SDE
短体副鳅	R	ZB	IF	SDE

续表

中文种名	流速偏好	食性	洄游特征	繁殖特征
横纹南鳅	R	ZB	IF	—
山鳅	R	ZB	IF	SDE
前鳍高原鳅	R	ZB	IF	SDE
贝氏高原鳅	R	ZB	IF	—
细尾高原鳅	R	ZB	IF	SDE
中华沙鳅	R	ZB	PD	DRE
宽体沙鳅	R	ZB	PD	DRE
花斑副沙鳅	R	ZB	PD	DRE
双斑副沙鳅	R	ZB	PD	DRE
长薄鳅	R	C	PD	DRE
紫薄鳅	R	ZB	PD	DRE
小眼薄鳅	R	ZB	PD	—
红唇薄鳅	R	ZB	PD	—
中华花鳅	R	—	IF	SDE
泥鳅	EU	ZB	IF	SGE
大鳞副泥鳅	R	ZB	IF	SGE
宽鳍鱲	R	Z, ZB	IF	SDE
马口鱼	R	Z, ZB	IF	SDE
青鱼	EU	ZB	PD	DRE
草鱼	EU	H	PD	DRE
赤眼鳟	EU	O	PD	DRE
黄尾鲴	EU	PB	PD	DRE
细鳞鲴	EU	PB	PD	DRE
似鳊	EU	PB	PD	DRE
鳙	EU	Z	PD	DRE
鲢	EU	P	PD	DRE
高体鳑鲏	EU	PB	IF	SSE
彩石鳑鲏	EU	PB	IF	SSE
大鳍鱊	EU	PB	IF	SSE
兴凯鱊	EU	PB	IF	SSE
彩副鱊	EU	PB	IF	SSE

中文种名	流速偏好	食性	洄游特征	繁殖特征
飘鱼	EU	Z，ZB	IF	DRE
寡鳞飘鱼	EU	O	IF	DRE
华鳊	R	Z，ZB	IF	SDE
四川华鳊	R	Z，ZB	IF	SDE
高体近红鲌	R	C	IF	SDE
黑尾近红鲌	R	C	IF	SDE
翘嘴鲌	L	C	PD	DRE
蒙古鲌	L	C	PD	DRE
达氏鲌	EU	C	PD	DRE
鳊	EU	H	IF	SDE
厚颌鲂	EU	H	IF	SDE
花鳍	EU	ZB	IF	SSE
麦穗鱼	EU	ZB	IF	SDE
银鮈	EU	ZB	IF	DRE
铜鱼	R	O，ZB	PD	DRE
圆口铜鱼	R	O，ZB	PD	DRE
吻鮈	R	ZB	PD	DRE
圆筒吻鮈	R	ZB	PD	DRE
长鳍吻鮈	R	ZB	PD	DRE
棒花鱼	EU	ZB	IF	SDE
钝吻棒花鱼	R	ZB	IF	—
蛇鮈	EU	ZB	PD	DRE
长蛇鮈	EU	ZB	PD	DRE
宜昌鳅鮀	R	ZB	PD	DRE
异鳔鳅鮀	R	ZB	PD	DRE
裸体鳅鮀	R	ZB	PD	DRE
中华倒刺鲃	EU	O	IF	DRE
鲈鲤	R	C，ZB	PD	SDE
云南光唇鱼	R	PB	IF	SDE
白甲鱼	R	PB	PD	SDE
四川白甲鱼	R	—	—	—

续表

中文种名	流速偏好	食性	洄游特征	繁殖特征
瓣结鱼	R	ZB	—	SDE
华鲮	R	PB	—	SDE
泉水鱼	R	PB	PD	SDE
墨头鱼	R	PB	PD	SDE
云南盘鮈	R	PB	PD	SDE
短须裂腹鱼	R	PB	PD	SDE
长丝裂腹鱼	R	PB	PD	SDE
齐口裂腹鱼	R	PB	PD	SDE
细鳞裂腹鱼	R	PB	PD	SDE
四川裂腹鱼	R	PB	PD	SDE
岩原鲤	R	O	PD	SDE
鲤	EU	O	IF	SGE
鲫	EU	O	IF	SGE
四川爬岩鳅	R	PB	IF	—
犁头鳅	R	PB	PD	DRE
短身金沙鳅	R	PB	PD	DRE
中华金沙鳅	R	PB	PD	DRE
西昌华吸鳅	R	PB	IF	SDE
四川华吸鳅	R	PB	IF	SDE
峨嵋后平鳅	R	PB	IF	SDE
鲇	EU	C	IF	SGE
南方鲇	EU	C	PD	SDE
黄颡鱼	EU	C, ZB	IF	SSE
瓦氏黄颡鱼	EU	ZB	IF	SSE
光泽黄颡鱼	EU	C, ZB	IF	SSE
长吻鮠	R	C, ZB	PD	SDE
粗唇鮠	R	O	PD	SDE
圆尾拟鲿	R	C, ZB	—	—
切尾拟鲿	R	C, ZB	IF	SDE
凹尾拟鲿	R	C, ZB	IF	SDE
细体拟鲿	R	C, ZB	IF	SDE

中文种名	流速偏好	食性	洄游特征	繁殖特征
大鳍鳠	R	C，ZB	IF	SDE
白缘䰾	R	ZB	IF	SDE
黑尾䰾	R	ZB	IF	SDE
拟缘䰾	R	ZB	IF	SDE
福建纹胸鮡	R	ZB，PB	IF	SDE
黄石爬鮡	R	—	IF	SDE
青石爬鮡	R	—	IF	SDE
中华鮡	R	—	—	—
前臀鮡	R	—	—	—
青鳉	L	ZB	IF	SSE
间下鱵	EU	Z	IF	SSE
黄鳝	EU	ZB	IF	SSE
鳜	EU	C	IF	DRE
大眼鳜	EU	C	IF	DRE
小黄黝鱼	EU	ZB	IF	DRE
子陵吻鰕虎鱼	EU	ZB	IF	SDE
波氏吻鰕虎鱼	EU	ZB	IF	SDE
圆尾斗鱼	L	Z	IF	SSE
叉尾斗鱼	L	Z	IF	SSE
乌鳢	EU	C	IF	SSE
中华刺鳅	EU	O	IF	SSE

注：P 代表浮游植物食性； PB 代表着生藻类食性；H 代表高等水生植物食性；Z 代表浮游动物食性；ZB 代表底栖无脊杜动物食性；C 代表鱼食性；O 代表杂食性； EU 代表广泛适应的种类；L 代表喜静水类型；R 代表喜流水类型；PD 代表江河洄游鱼类；AD 代表溯河洄游鱼类；CD 代表降海洄游鱼类；IF 代表定居性鱼类；DRE 代表产漂流性卵鱼类；SDE 代表产黏沉性卵鱼类；SGE 代表黏草产卵鱼类；SSE 代表特殊产卵类型，包括在蚌内产卵、筑巢产卵等；一：未知

3.3 过鱼目标

3.3.1 坝上生境适宜度分析

1. 基础生境变化识别

鱼类基础生境指对鱼类的生存繁殖起到至关重要的生境指标。在鱼类基础生境（essential fish habitat，EFH）的识别过程中，对鱼类繁殖、产卵和洄游起关键作用的 EFH 应包含以

下各方面的详细信息：底质组成；水文、水质；水量、水深和流态；栖息地稳定性特征；饵料生物组成；栖息地覆盖度及复杂性；栖息地的垂直和水平空间分布特征；栖息地的各种进出口和通道；栖息地的连续性特征等。

2. 基础生境变化

1）水质

水库蓄水后，流速减缓，水体交换频率降低，使污染物扩散能力下降，水体复氧能力减弱，深层水体溶解氧含量偏低。蓄水初期，由于库底残留的有机物分解，土壤中氮、磷、有机质等进入水体，短期内营养物质含量可能会有所增加。电站稳定运行后，库区流速减缓，水体滞留时间延长，库区水体营养负荷较原河流会有一定程度的增加，但由于水库调节能力较小，营养物质在库区滞留时间相对较短，库区水质受影响程度有限。

2）水文

金沙水电站上距观音岩水电站坝址 28.9 km，下距攀枝花中心城区（攀枝花水文站断面）约 11 km、距下游规划的银江水电站坝址约 21.3 km。建成运营后，水面显著增大，水深增加、水流变缓、急流生境消失，河流的水动力学过程发生了较大的变化，水库库尾区域接近原天然河流，具有河流水文水动力学特征，坝前水域水深增加、水面变宽，水流减缓甚至接近静水。库区河段水域自库尾至坝前水文情势从急流型转为缓静流型。

3）饵料

水库形成后，库区水深增加，水面变宽，流速减缓，营养物质滞留，水体生物生产力提高，有利于浮游生物的繁衍，浮游生物种类和现存量均会有所增加，有利于仔幼鱼和缓流或静水性鱼类如鲤、鲫、鲢、鳙等的生长，库区鱼类资源和鱼产量提高。水库形成后，透明度增加，水体营养负荷提高，有利于周丛生物、底栖生物和水生维管束植物的繁衍，为刮食性鱼类如银鲴、白甲鱼、吻鮈等提供了丰富的饵料资源。底栖生物中原有流水性种类减少，静水或微流水的水蚯蚓、摇蚊幼虫种类和数量增加，静水、沙生的软体动物也可能会出现，对静水、缓流的底层鱼类生长、发育有利，但流水性鱼类饵料资源明显下降。

由于水库建成后，流水生境萎缩，库区水生生物由河流相向湖泊相演变，鱼类饵料结构发生了较大变化，从河流性的游泳生物、底栖动物和着生藻类向浮游生物转变，相应地鱼类资源的种类结构也相应发生变化，流水性鱼类向库尾以上及支流迁移，在库区中的资源量会大幅度下降，甚至在库区消失，以浮游生物为食的缓流、静水性鱼类成为优势种群。

4）空间特性

枢纽建成运行后，由于大坝的阻隔，库区生境与坝下连通性变弱，同时由于上游观音岩水电站的建设运行，库区与上游连续性也被切断，综合来看，库区生境与上下游生境之间连通性较弱。工程运行后，坝上水文情势受龙开口、观音岩等工程调控，洪水强度和持续时间减弱，坝上生境复杂度下降，但生境稳定性增加。

坝上鱼类基础生境因子及其变化预测见表 3.3.1。

表 3.3.1　坝上鱼类基础生境变化预测

鱼类基础生境	指标	建坝变化情况预测
水质	水温	库区水温变化不显著
	水化学	库区水化学指标变化不显著
	溶解氧	库区水流变缓，溶解氧下降
水文	流速	水库蓄水后，水体流速显著下降
	水深	水库蓄水后水深显著增加
	洪水过程	水库运行后，洪水强度减弱和持续时间减小
饵料	藻类	流速减缓，透明度增加，光合作用加强，营养物质滞留，藻类增加
	底栖动物	流水性底栖生物减少，静水或微流性底栖生物增加
	小型鱼类	小型鱼类随藻类、浮游动物的增加而增加
空间特性	连续性及通道	坝下及坝上生境被阻隔
	复杂度	水库蓄水后，坝上生境稳定性增加，复杂度降低

3. 重要生境变化

1）对鱼类产卵场的影响

目前，随着上游观音岩、鲁地拉、龙开口等水电站建设运行及水质等多方面的影响，工程江段产漂流性卵鱼类的产卵场规模已经锐减，金沙水电站及下游银江水电站建成运行后，工程江段流水生境进一步减少，产漂流性卵鱼类产卵场可能会消失。

产黏沉性卵鱼类产卵场一般需要水草等附着物，受精卵黏附于水草上孵化，因此水库形成后，边坡、库湾、支流河口及被淹没的平坝等较浅的地方，水草丰富，有利于产黏沉性卵鱼类的产卵繁殖。但是在产黏沉性卵鱼类产卵繁殖期的 3~5 月，水库的调度运行应防止坝上坝下水位的陡涨陡落，以避免水位下降导致鱼卵干枯死亡。

2）对鱼类索饵场影响

大坝建成后，水库蓄水水位上升，坝前库区流速变缓，形成相对静水环境，泥沙沉积增加水体透明度，有利于水生植物的光合作用。又因为水库蓄水初期，淹没大量的耕地、林地和其他残留物，增加水中无机盐类和有机营养物质，加上水库表层水温增高，为库区浮游生物的繁衍，提供良好条件，浮游生物数量将大幅增加，而浮游生物是大部分鱼类幼鱼阶段的饵料，所以鱼类育幼场面积将增大，同时部分栖息于流水区和急流区的种类虽无法利用库区丰富的饵料资源，但在支流也会寻找新的育幼场。

3）对越冬场的影响

越冬场主要位于干流主河道的深潭水域，水库蓄水后，库区水位上升，水深加大，有利于鱼类越冬。

4. 生境适宜度分析

为客观评价工程建坝运行后坝上江段对鱼类的生境适宜度变化，对具体指标进行赋分评价，坝上生境变化后对鱼类生存、繁殖等重要生活史过程有利则赋分"1"分，对鱼类影响不显著则赋分"0"分，对鱼类存在显著影响则赋分"-1"分。各项指标之和作为生境适宜度的总分。总分>0的种类生境适宜度为"高"，总分=0的适宜度为"中"，总分<0的种类生境适宜度为"低"。根据 EFH 的各项指标，对工程河段的鱼类进行了生境适宜度的初步判别，判别结果见表 3.3.2。

表 3.3.2　坝上鱼类生境适宜度初步分析

生境适宜度	得分	代表种类
高	1～3	泥鳅、麦穗鱼、棒花鱼、鲤、鲫、鲇、子陵吻虾虎鱼、高体鳑鲏、张氏鳘、银鮈、蛇鮈
中	0	圆口铜鱼、彩石鳑鲏、兴凯鱊、粗唇鮠、细体拟鲿、凹尾拟鲿、瓦氏黄颡鱼、白缘鳅、钝吻棒花鱼、红尾副鳅、短体副鳅、中华沙鳅、长薄鳅、紫薄鳅、犁头鳅、大口鲇
低	-3～-1	宽鳍鱲、长鳍吻鮈、裸体异鳔鳅鮀、鲈鲤、白甲鱼、四川白甲鱼、泉水鱼、墨头鱼、中华倒刺鲃、四川裂腹鱼、长丝裂腹鱼、细鳞裂腹鱼、短须裂腹鱼、硬刺松潘裸鲤、前鳍高原鳅、细尾高原鳅、贝氏高原鳅、中华金沙鳅、峨眉后平鳅、西昌华吸鳅、黄石爬鳅、侧纹云南鳅、横纹南鳅、福建纹胸鳅

3.3.2　过鱼目的

根据渔获物调查，渔获物中既存在具有一定洄游特性的鱼类，如较长距离生殖洄游的圆口铜鱼、长薄鳅、长鳍吻鮈等，也分布有定居性鱼类例如鲤、鲫。因此，金沙水电站的过鱼目的主要有以下两个方面。

（1）保证生活史完成。在坝址河段分布的鱼类中，圆口铜鱼、长薄鳅、长鳍吻鮈等都具有一定的洄游特征，在生活史过程中需要进行较长距离的洄游和迁移才能寻找到合适的生境完成其繁殖、索饵及越冬等重要生活史过程。针对这几种鱼类，金沙水电站过鱼设施的保护目的是保障其洄游通道畅通，保护鱼类生活史的完整性。

（2）促进遗传交流。在坝址分布的鱼类中，同样存在着一些定居性鱼类，对于这些鱼类而言，虽然其生活史过程中不需要进行大范围的迁移和洄游，但会与不同板块之间的鱼类进行交流繁殖，丰富了各板块之间的基因库，对于种群稳定发展非常重要。因此，对于这些定居性鱼类，本工程的保护目的是保证坝上坝下之间的鱼类群体交流。

3.3.3　过鱼种类

过鱼设施的主要目的是促进坝上坝下鱼类交流，因此，原则上工程影响区分布的所有鱼类都是工程的过鱼对象。

但过鱼设施设计时须根据主要过鱼对象的特点及生态习性进行设计，因此综合考虑工程的过鱼需求、过鱼有效性、保护价值，并结合鱼类资源量现状，确定工程的主要过鱼对象。具体考虑指标及赋分依据见表3.3.3，对不同种类的综合得分（各指标得分累加）进行排序作为过鱼种类选择依据。

表 3.3.3　过鱼对象筛选依据表

过坝需求	指标	赋分		
		1	0	-1
过鱼需求	洄游习性	洄游鱼类	短距离迁移	定居鱼类
过鱼有效性	生境适宜度	高	中	低
保护价值	保护种	是	否	—
	经济价值	主要经济鱼类	次要经济鱼类	—
资源量	资源量现状	现状分布种或放流种	历史调查种	已无分布

根据上述选择主要过鱼对象的依据，确定的主要过鱼对象为圆口铜鱼、长薄鳅、长鳍吻鮈、岩原鲤、鲈鲤、白甲鱼及泉水鱼（表 3.3.4），兼顾过鱼对象为短须裂腹鱼、长丝裂腹鱼、四川裂腹鱼、细鳞裂腹鱼、中华金沙鳅、硬刺松潘裸鲤。

表 3.3.4　主要过鱼对象筛选表

鱼名		过坝需求				总分
		洄游需求	生境适宜度	保护价值	资源量	
主要过鱼对象	圆口铜鱼	1	0	1	1	3
	长薄鳅	1	0	1	1	3
	长鳍吻鮈	1	-1	1	1	2
	岩原鲤	-1	1	1	1	2
	鲈鲤	0	-1	1	1	1
	白甲鱼	0	-1	1	1	1
	泉水鱼	0	-1	1	1	1
兼顾过鱼对象	短须裂腹鱼、长丝裂腹鱼、四川裂腹鱼、细鳞裂腹鱼、中华金沙鳅、硬刺松潘裸鲤					

3.3.4　过鱼季节

工程主要过鱼对象的繁殖季节主要集中在每年 3 月，部分鱼类繁殖季节延至 6 月，秋季还可能有少量个体产卵，见表 3.3.5。因此工程的重点过鱼季节为 3~6 月，此外为保证上下游的遗传交流，全年均可过鱼。

表 3.3.5　过鱼季节选择表

过鱼对象		月份											
		1	2	3	4	5	6	7	8	9	10	11	12
主要过鱼对象	圆口铜鱼				▨	■	■						
	长鳍吻鮈					■	■						
	岩原鲤		▨	■	■				▨	▨			
	长薄鳅				▨	■	■						
	鲈鲤				▨	■	■						
	白甲鱼				■	■	■						
	泉水鱼				■	■	■						
兼顾过鱼对象	短须裂腹鱼	▨			■								▨
	长丝裂腹鱼				■	■							
	四川裂腹鱼				■	■							
	细鳞裂腹鱼				■	■							
	中华金沙鳅				■	▨							
	硬刺松潘裸鲤				■								
过鱼季节		1	2	3	4	5	6	7	8	9	10	11	12

■ 主要过鱼季节　　　　▨ 兼顾过鱼季节

3.3.5　过鱼规格

主要过鱼对象的尺寸规格是设计鱼道重要依据之一，鱼类的游泳能力、个体大小与能否通过鱼道关系密切。金沙水电站过鱼设施是为保障繁殖群体的上溯，促进遗传交流，因此应该以繁殖阶段的个体为主要对象进行设计。

金沙水电站过鱼设施主要过鱼对象中除鲈鲤外，均为中小型鱼类，最大个体体长为 1.2 m（鲈鲤），最小性成熟体长为 0.14 m（泉水鱼），由于鲈鲤超过 1.0 m 的个体极其少见，多数个体体长在 1 m 以下，所以金沙水电站过鱼设施主要过鱼规格为 0.14~1.0 m（表 3.3.6）。

表 3.3.6 过鱼种类的常见个体体长范围与最小性成熟年龄

种类	最大体长/m	雌鱼最小性成熟年龄	雌鱼最小性成熟体长/m	雄鱼最小性成熟年龄	雄鱼最小性成熟体长/m	参考文献
圆口铜鱼	0.74	4	0.26	3	0.29	杨志等（2014）
长薄鳅	0.57	3	0.23	3	0.25	梁银铨等（2007，1999）
长鳍吻鮈	0.29	2	0.19	3	0.17	曲焕韬等（2016）
岩原鲤	0.6	4	0.3	4	0.3	蔡焰值等（2003）
鲈鲤	1.2	3	0.35	3	0.32	—
白甲鱼	0.3	—	—	—	—	—
泉水鱼	0.3	2	0.14	2	—	熊美华等（2016，2012）

第 4 章

主要过鱼对象游泳能力

4.1 游泳能力研究方法

4.1.1 鱼类游泳能力指标

1. 感应流速

感应流速指能够使鱼类产生趋流反应的流速值,趋流反应通常以鱼类游动方向的改变为指示标准。在鱼道的设计过程中,感应流速除了作为鱼道进口诱鱼流速设计的重要参数,同时也是鱼道及鱼类洄游路线中出现的最小流速的设计参考依据。

2. 持续游泳速度

持续游泳速度是指鱼类在持续游泳模式下可以保持相当长的时间而不感到疲劳,其持续时间通常以>200 min 来计算。此时,鱼类通过有氧代谢来提供能量使红肌纤维缓慢收缩,进而推动鱼类前进。早期由于分类名称的差异,也有学者将鱼类持续游泳速度称为巡游速度。

3. 耐久游泳速度

鱼类的耐久游泳速度处于持续游泳速度和突进游泳速度之间,通常能够维持 20 s～200 min,并以疲劳结束。在耐久游泳速度下,鱼类获取能量的方式既有有氧代谢也有厌氧代谢,厌氧代谢提供的能量较高,却容易积累大量乳酸使鱼类感到疲劳。

临界游泳速度是耐久游泳速度的一个亚类,是鱼类在某一特定时期内所能维持的最大速度。

持续游泳时间也是耐久游泳速度的一个重要指标,指在特定流速下鱼类可以维持的游泳时间。

4. 爆发游泳速度

爆发游泳速度是鱼类所能达到的最大速度，维持时间很短，通常<20 s。此速度下，鱼类通过厌氧代谢得到较大能量，获得短期的爆发游泳速度，同时也积累了乳酸等废物。依照游泳时间的不同，爆发游泳能力又可以分为猝发游泳速度和突进游泳速度。其中，猝发游泳速度指鱼类在极短时间（<2 s）内达到的最大游泳速度，通常在捕食和紧急避险时使用。突进游泳速度指鱼类在较短时间内（<20 s）达到的最大游泳速度。突进游泳速度是鱼道设计中的重要参数。

通常鱼类会通过调节它们身体和尾鳍摆动的频率和摆幅来减缓速度或加速，以保持加速—滑行的游泳方式，这种方式下鱼类能够减少消耗的能量。

鱼类常用持续游泳速度运动（例如洄游），通常在困难地区则使用耐久游泳速度，在捕食和逃避时则使用突进游泳速度。鱼类的持续游动被认为是鱼类实行"马拉松"式的有氧代谢的游动。其持续游动速度为鱼类可以稳定地持续游动 6 h 而不会使其筋疲力尽的最大速度。耐久游动为鱼类的有氧和无氧代谢运动相结合下的游动。耐久游泳速度的持续时间为持续进行持续游动和突进游动后，致使鱼类产生疲劳的持续时间，一般情况下为 20 s～200 min。耐久游泳速度持续时间的长短与鱼类的种类、个体大小、水体温度及突进游动和持续游动的周期等均有一定的关系。

学者通过观察显示，爆发游动持续 2 s 后就会有显著的下降，减少到4～6 BL/s（注：BL 为体长）。另一方面，很多研究者发现爆发游泳速度比 10 BL/s 大，使得爆发游泳速度大于 10 BL/s 的原则被认为是一个普遍评估采用的方法。

在 3 种游泳速度中，持续游泳速度是稳定的游泳状态，耐久游泳速度和猝发游泳速度是不稳定的游动状态。

鱼道最大的上溯速度是由游泳速度-持续时间关系曲线决定，此关系式广泛地应用于过鱼设施的选址、尺寸及休息池的设计。

Castro-Santos 和 Haro（2000）通过一个水流均匀的 23 m×1 m×1 m（长×宽×高）的开敞式无压水槽对 6 种鱼类进行了水流速度-游动距离测试，测试结果表明鱼类在不同流速条件下选择不同的游泳速度，在耐久游泳速度到爆发游泳速度交界的速度值可以到达游动的最大距离，因为在交界的突进游泳速度下鱼类可以自由的选择游泳速度，突进游泳速度作为过鱼断面流速设计值。

4.1.2　测试内容

为全面研究过鱼对象的游泳能力，本试验主要测试指标为：感应流速、临界游泳速度、突进游泳速度，其中感应流速为鱼类趋流特性的表征值，临界游泳速度测试值用以划分持续游泳速度和耐久游泳速度，突进游泳速度用以划分耐久游泳速度和爆发游泳速度。通过以上测试指标综合分析鱼类的趋流特性及克流能力。

4.1.3　测试种类

金沙水电站过鱼设施过鱼对象数量较多，有些种类资源量已经较少，难以进行现场游泳能力测试，须通过与其个体大小、生态习性类似及亲缘关系相近、生活在相同区域的种类游泳能力近似分析。对主要过鱼对象圆口铜鱼、长鳍吻鮈、长薄鳅、白甲鱼游泳能力进行了现场测试（表 4.1.1），岩原鲤、泉水鱼游泳能力以与其个体大小类似、亲缘关系较近的白甲鱼进行近似分析，鲈鲤以同属的后背鲈鲤进行游泳能力分析，兼顾过鱼对象以胭脂鱼、中华金沙鳅、长丝裂腹鱼、短须裂腹鱼为代表进行游泳能力测试。

表 4.1.1　过鱼对象游泳能力测试种类分析表

目标种类	测试种类	备注
主要过鱼对象		
圆口铜鱼	圆口铜鱼	—
长薄鳅	长薄鳅	—
长鳍吻鮈	长鳍吻鮈	—
鲈鲤	后背鲈鲤	同属
岩原鲤	白甲鱼	个体大小类似，亲缘关系较近
白甲鱼		
泉水鱼	白甲鱼	生境重合，亲缘关系较近
兼顾过鱼对象		
胭脂鱼	胭脂鱼	—
中华金沙鳅	中华金沙鳅	—
长丝裂腹鱼	长丝裂腹鱼	—
短须裂腹鱼	短须裂腹鱼	—

4.1.4　试验设备

鱼类游泳能力测试的水槽为进口鱼类游泳能力环形试验水槽，如图 4.1.1 所示。

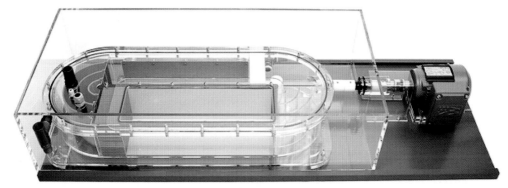

图 4.1.1　鱼类游泳能力测试水槽

测试前的流速标定，采用 LGY—II 型旋桨流速仪。

测试期间溶解氧、温度测定，采用美国 YSI 公司 DO200 型溶氧仪，使用前输入当地气压值进行溶解氧校准。

通过调节电机工作频率逐步增大水槽中流速，测试电机频率每升高 5 Hz 水槽中的流速，制作标准曲线。

4.1.5 试验方法

鱼类游泳能力测试方法主要有 4 种。

（1）鱼类在静水水槽中沿直线游动，在水槽两端投递饵料，鱼类前后来回游动，运用水下摄像机拍摄鱼类游泳行为。

（2）运用大尺寸直径的静水环形水槽，鱼类跟着视觉标记游动，视觉标记的移动速度为 0~4.5 m/s。

（3）运用有水流流速的环形水槽，鱼类克流游动。

（4）鱼类在水流流速水槽中克流游动，此方法运用最多，且获得的数据积累最多。但是由于边壁和水流紊动同自然条件的差异，鱼类游动时的身体摆动长度小于鱼类可达到的最大摆动长度，因此需要对测试结果进行校正。Webb（1971）认为根据鱼类的尺寸，鱼类游泳能力的测试结果应增加 7.5%~15%。

1. 感应流速

感应流速测试一般以鱼类调整游泳方向时对应的水体流速为指标，主要有 2 种测试方法：第 1 种针对群体进行测试，将 10 尾测试鱼放置于水槽中，逐步增大流速，直至半数测试鱼掉转方向至逆流方向，此时流速为试验鱼群体的感应流速；第 2 种测试方法针对个体，将试验鱼单独放置于水槽的静止水体中，然后逐步增大流速，直至测试鱼掉转方向至逆流方向，此时流速为试验鱼个体的感应流速。本次测试使用的是第 2 种测试方法。

2. 临界游泳速度

采用递增流速法进行测试，鱼被置于一个递增流速的水流中，流速不是缓慢增大的，而是逐级增大，每一步流速增量保持恒定的时间间隔，直至鱼达到疲劳（达到疲劳速度或临界速度）。一般认为，最大的有氧游泳速度发生在临界游泳速度；因此认为临界游泳速度是一个相对接近最大有氧运动的值，是鱼类游泳能力测试的一个主要指标。

递增流速法测试鱼的疲劳速度或是临界游泳速度的计算公式为

$$U_{\text{ctit}} = V_p + \left(\frac{t_f}{t_i}\right) V_i$$

式中：U_{ctit} 为临界游泳速度；V_i 为增速大小；V_p 为鱼极限疲劳的前一个水流速度；t_f 为上次增速到达极限疲劳的时间；t_i 为两次增速的时间间隔。

递增流速法测试鱼类游泳能力所需时间相对较短，方法可控性强，且得到统计上有意义的值所需的鱼类数目较少，因此选用递增流速法测试鱼类临界游泳速度。

3. 爆发游泳速度

由于爆发游泳速度所维持的时间较短，且鱼类的反应不一致，人们通常难以在这么短的时间进行准确测量。鱼类并不可能总保持一定的速度，它们在高速游动时采用的是"爆发—滑动"的游泳模式。迄今，该行为方式的测量方法依然很少。有的运用电击肌肉获得肌肉收缩时间的理论值；有的通过测量鱼类跳跃高度来推算其起跳速度，该速度可认为是鱼类的最大爆发游泳速度，通过公式 $V=\sqrt{2gh}$[①]计算得出；也有人认为运用最小的时间间隔和最大的流速步长的递增流速法测试可获得爆发游泳速度，Korsmeyer 等（2002）认为爆发游泳速度测试的实质就是在最小的时间步长内调整最大的流速步长的递增流速测试方法。

爆发游泳速度分为猝发游泳速度和突进游泳速度，猝发游泳速度指鱼类在极短时间（<2 s）内达到的最大游泳速度，突进游泳速度指鱼类在较短时间内（<20 s）达到的最大游泳速度。本试验中，运用 20 s 时间步长的递增流速法测试突进游泳速度指标值。递增流速法测试同临界游泳速度测试方法相同，时间步长为 20 s。

4. 游泳速度综合评估

根据 Hammer（1995）的综述结果及水利部中国科学院水工程生态研究所的大量试验证实：80%临界游泳速度可作为持续游泳速度和耐久游泳速度的划分值。而耐久游泳速度和爆发游泳速度的分界值为突进游泳速度。

很多研究者发现爆发游泳速度比 10 BL/s 大，使得爆发游泳速度大于 10 BL/s 的原则被认为是一个普遍评估采用的方法。

综上所述，游泳能力综合评估方法：持续游泳速度范围，0～80%临界游泳速度；耐久速度范围，80%临界游泳速度～突进游泳速度；爆发游泳速度范围，突进游泳速度～10 BL/s（体长/秒）。

4.2　游泳能力研究结果

4.2.1　圆口铜鱼

感应流速试验共测试 14 个样本，试验鱼全长范围为 0.12～0.26 m，测试溶解氧含量为 7.33～8.84 mg/L，水温 17.4～21.0 ℃。测得感应流速范围为 0.13～0.24 m/s（图 4.2.1）。

临界游泳速度试验共测试 10 个样本，试验鱼全长范围为 0.18～0.28 m，测试水温为 17.4～21.0 ℃，溶解氧含量为 7.33～8.79 mg/L，测得其临界游泳速度范围为 0.60～0.80 m/s，均值为 0.702 m/s（图 4.2.2）。

①V 为最大爆发游泳速度；g 为重力加速度；h 为跳跃高度。

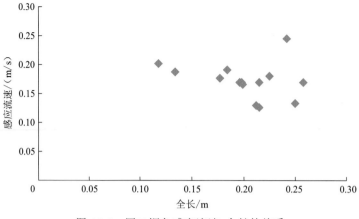

图 4.2.1 圆口铜鱼感应流速-全长的关系

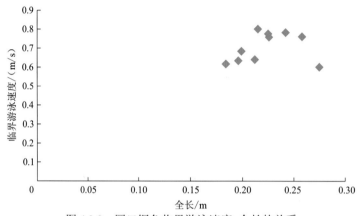

图 4.2.2 圆口铜鱼临界游泳速度-全长的关系

4.2.2 长鳍吻鮈

感应流速试验共测试 19 个样本，试验鱼全长范围为 0.16～0.23 m，试验溶解氧含量为 6.27～8.21 mg/L，水温为 17.5～23.3 ℃。测得其感应速度范围为 0.06～0.23 m/s（图 4.2.3）。

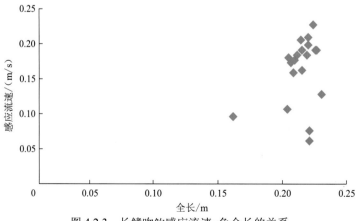

图 4.2.3 长鳍吻鮈感应流速-鱼全长的关系

临界游泳速度试验共测试 10 个样本，试验鱼全长范围为 0.20～0.22 m，测试水温为 17.0～22.1 ℃，溶解氧含量为 7.46～8.48 mg/L，测得其临界游泳速度范围为 0.73～1.15 m/s，均值为 0.934 m/s（图 4.2.4）。

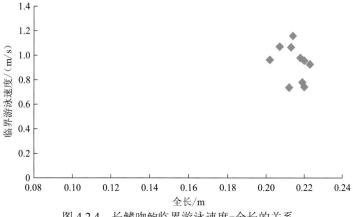

图 4.2.4 长鳍吻鮈临界游泳速度-全长的关系

突进游泳速度测试样本的全长为 12.7～23.5 cm、体重范围 29.5～108.8 g，测试水温 22.8～23.3 ℃、溶解氧含量为 6.27～6.86 mg/L。测得其突进游泳速度为 1.15～1.60 m/s，平均为 1.39 m/s（图 4.2.5）；相对突进游泳速度为 6.14～9.15 BL/s，平均为 8.69 BL/s。

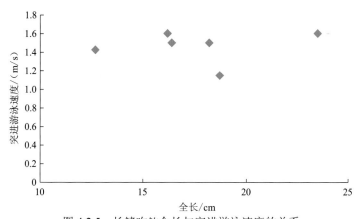

图 4.2.5 长鳍吻鮈全长与突进游泳速度的关系

4.2.3 长薄鳅

感应流速试验共测试 18 个样本，试验鱼全长范围为 0.15～0.25 m，测试水温为 15.9～23.2 ℃，溶解氧含量为 6.06～8.62 mg/L，测得其感应速度范围 0.13～0.26 m/s（图 4.2.6）。

临界游泳速度试验共测试 10 个样本，试验鱼全长范围为 0.17～0.26 m，测试水温为 15.9～20.8 ℃，溶解氧含量为 7.54～9.08 mg/L，测得其临界游泳速度范围 0.83～1.22 m/s（图 4.2.7）。

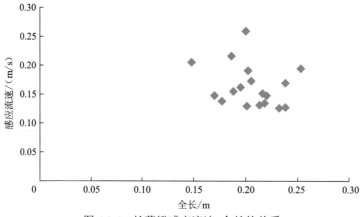

图 4.2.6　长薄鳅感应流速-全长的关系

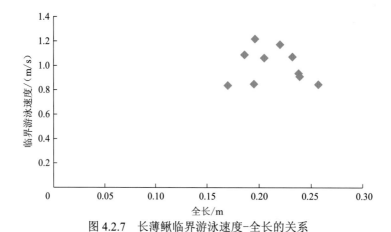

图 4.2.7　长薄鳅临界游泳速度-全长的关系

突进游泳速度测试样本的全长为 14.5～24.3 cm、体重范围 15.0～89.6 g，测试水温 22.8～24℃、溶解氧含量为 5.72～7.13 mg/L。测得其突进游泳速度为 0.98～1.55 m/s，平均为 1.33 m/s（图 4.2.8）；相对突进游泳速度为 6.50～11.34 BL/s，平均为 8.25 BL/s。

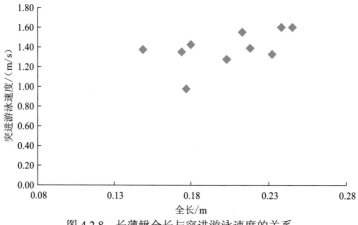

图 4.2.8　长薄鳅全长与突进游泳速度的关系

4.2.4　白甲鱼

感应流速试验共测试 18 个样本，试验鱼全长范围为 0.19～0.25 m，测试水温为 20.4～24.0 ℃，溶解氧含量为 6.03～7.35 mg/L，测得其感应速度范围 0.06～0.35 m/s，剔除单个异常值后感应流速范围为 0.06～0.20 m/s（图 4.2.9）。

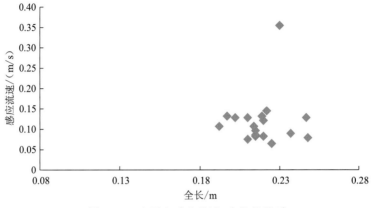

图 4.2.9　白甲鱼感应流速-全长的关系

临界游泳速度试验共测试 10 个样本，试验鱼全长范围为 0.21～0.24 m，测试水温为 20.2～23.4 ℃，溶解氧含量为 6.03～6.28 mg/L，测得其临界游泳速度范围 0.98～1.51 m/s，均值为 1.19 m/s（图 4.2.10）。

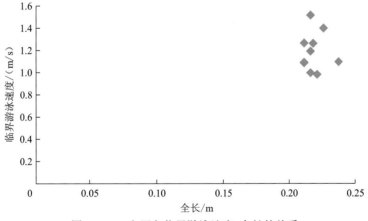

图 4.2.10　白甲鱼临界游泳速度-全长的关系

突进游泳速度测试样本的全长为 14.9～20.2 cm、体重范围 58.7～131 g，测试水温 23.5～24.3 ℃、溶解氧含量为 5.58～6.83 mg/L。测得其突进游泳速度为 1.43～1.60 m/s（图 4.2.11），相对突进游泳速度为 7.4～9.9 BL/s，平均为 9 BL/s。

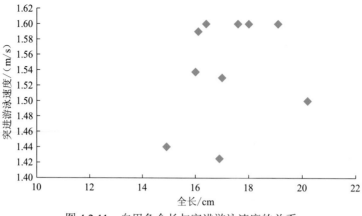

图 4.2.11　白甲鱼全长与突进游泳速度的关系

4.2.5　后背鲈鲤

感应流速测试共有 10 个样本，测试鱼全长 0.094～0.147 m，体长 0.086～0.126 m，体重 9.8～28.1 g，测试水温为 13.0～14.4℃，溶解氧含量为 7.35～8.10 mg/L。测得其感应流速为 0.10～0.16 m/s（图 4.2.12）。

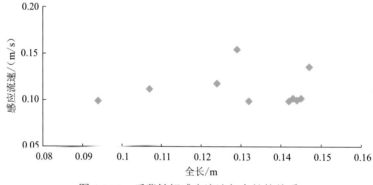

图 4.2.12　后背鲈鲤感应流速与全长的关系

临界游泳速度测试共有 10 个样本，测试鱼全长 0.184～0.400 m，体长 0.155～0.342 m，体重 50.2～588.3 g，测试水温为 11.1～12.4℃，溶解氧含量为 8.11～8.84 mg/L。测得其临界游泳速度为 0.68～0.96 m/s（图 4.2.13）。

突进游泳速度测试共有 10 个样本，测试鱼全长 0.094～0.147 m，体长 0.086～0.126 m（平均 0.111 m），体重 9.8～28.1 g，为测试水温 13.0～14.4℃，溶解氧含量为 7.35～8.10 mg/L。测得其突进游泳速度为 0.75～1.15 m/s（图 4.2.14）。

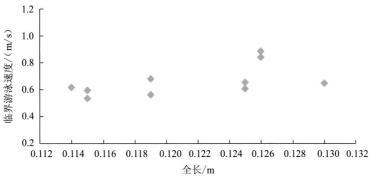

图 4.2.13　后背鲈鲤临界游泳速度与全长的关系

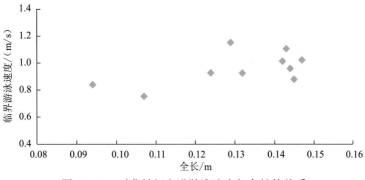

图 4.2.14　后背鲈鲤突进游泳速度与全长的关系

4.2.6　胭脂鱼

感应流速试验共测试 14 个样本，试验鱼全长范围为 0.19～0.30 m，测试水温为 19.1～24.1 ℃，溶解氧含量为 6.02～7.71 mg/L，测得其感应速度范围 0.06～0.16 m/s（图 4.2.15）。

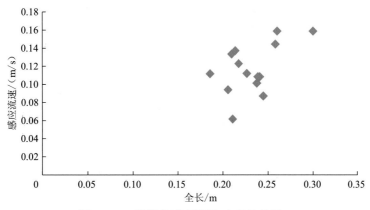

图 4.2.15　胭脂鱼感应流速-全长的关系

临界游泳速度试验共测试 10 个样本，试验鱼全长范围为 0.21～0.30 m，测试水温为 19.1～20.8℃，溶解氧含量为 6.72～7.71 mg/L，测得其临界游泳速度范围 0.70～0.99 m/s，均值为 0.849 m/s（图 4.2.16）。

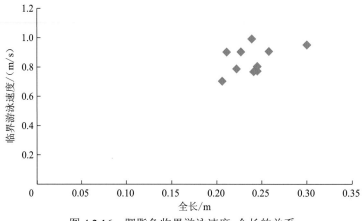

图 4.2.16　胭脂鱼临界游泳速度–全长的关系

突进游泳速度测试样本的体长为 9.7～15.5 cm、体重范围 19.6～67.9g，测试水温 24～24.5℃、溶解氧含量为 5.27～6.67 mg/L。测得其突进游泳速度为 0.85～1.43 m/s，平均为 1.09 m/s（图 4.2.17）；相对突进游泳速度为 7.13～12.04 BL/s，平均为 8.89 BL/s。

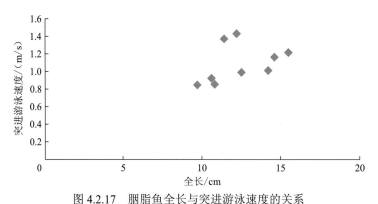

图 4.2.17　胭脂鱼全长与突进游泳速度的关系

4.2.7　中华金沙鳅

临界游泳速度试验共测试 5 个样本，试验鱼全长范围为 0.116～0.135 m，测试水温为 17.0～21.3℃，溶解氧含量为 8.07～8.90 mg/L，测得其临界游泳速度均为 1.50 m/s（图 4.2.18），且测试鱼在 1.50 m/s 的水流速度下均可持续 200 min，主要原因为中华金沙鳅具有趴底习性，可抵大流速水流。

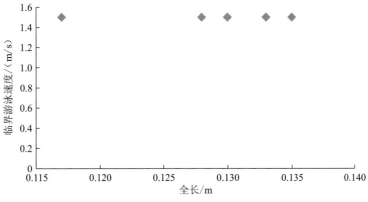

图 4.2.18　中华金沙鳅临界游泳速度-全长的关系

4.2.8　长丝裂腹鱼

感应流速共测试 10 个样本,试验鱼全长范围为 0.22～0.30 m,测试水温 12.9～16.0 ℃,溶解氧含量为 8.21～9.25 mg/L。测得其感应流速范围为 0.05～0.08 m/s(图 4.2.19)。

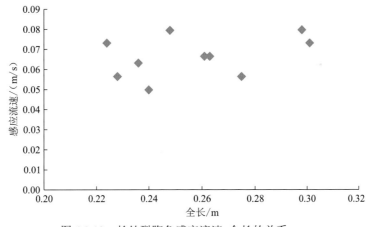

图 4.2.19　长丝裂腹鱼感应流速-全长的关系

临界游泳速度共测试 13 个样本,试验鱼全长范围为 0.19～0.28 m,测试水温 12.5～15.9 ℃,溶解氧含量为 8.10～9.11 mg/L。测得其临界游泳速度范围为 0.70～0.91 m/s(图 4.2.20)。

突进游泳速度共测试 10 个样本,试验鱼全长范围为 0.21～0.30 m,测试水温 12.9～15.0 ℃,溶解氧含量为 8.45～9.25 mg/L。测得其突进游泳速度范围为 1.05～1.46 m/s(图 4.2.21)。

4.2.9　短须裂腹鱼

感应流速共测试 10 个样本,试验鱼全长范围为 0.25～0.30 m,测试水温 13.4～15.6 ℃,溶解氧含量为 7.68～8.70 mg/L。测得其感应流速范围为 0.055～0.080 m/s(图 4.2.22)。

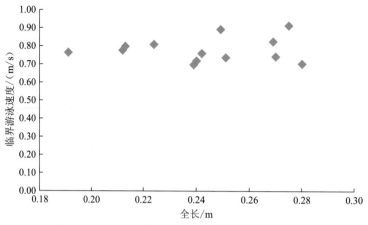

图 4.2.20 长丝裂腹鱼临界游泳速度–全长的关系

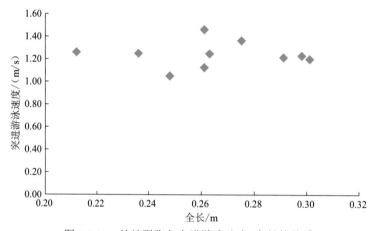

图 4.2.21 长丝裂腹鱼突进游泳速度–全长的关系

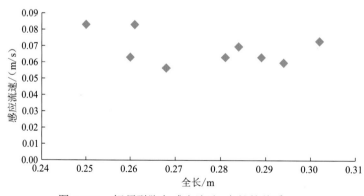

图 4.2.22 短须裂腹鱼感应流速–全长的关系

临界游泳速度共测试 15 个样本，试验鱼全长范围为 0.25～0.36 m，测试水温 13.2～15.6℃，溶解氧含量为 8.14～9.08 mg/L。测得其临界游泳速度范围为 0.64～0.87 m/s（图 4.2.23）。

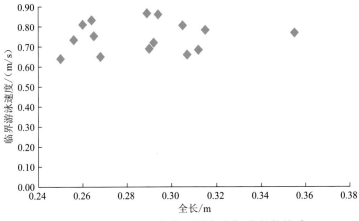

图 4.2.23　短须裂腹鱼临界游泳速度-全长的关系

突进游泳速度共测试 10 个样本,试验鱼全长范围为 0.26～0.32 m,测试水温 12.8～15.2 ℃,溶解氧含量为 7.68～8.90 mg/L。测得其突进游泳速度范围为 1.08～1.42 m/s（图 4.2.24）。

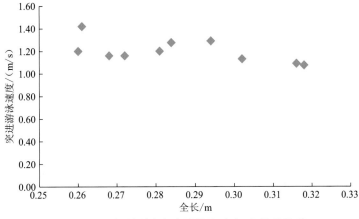

图 4.2.24　短须裂腹鱼突进游泳速度-全长的关系

4.2.10　综合分析

各测试种类游泳能力指标见表 4.2.1,除胭脂鱼、后背鲈鲤外,其余测试个体均与该种的最小性成熟个体接近,因此测试值可以作为过鱼设施设计流速的控制值。胭脂鱼、后背鲈鲤由于性成熟个体较大,根据体长-游泳速度拟合曲线,其克流能力远大于其他种类,不会成为过鱼对象中克流能力的限制种类。

圆口铜鱼属于高应激反应鱼类,其在捕捞、暂养后体力及健康状况与天然状况差异较大,因此其克流能力测试值显著低于其天然状态下真实克流能力,至少和与其习性类似的长鳍吻鮈相近,不会成为过鱼对象中克流能力的限制种类。

表 4.2.1　测试种类游泳能力指标值表

种类	最小性成熟体长/cm	测试鱼体长范围/cm		游泳能力指标值/（m/s）		
				感应流速	临界速度	突进速度
圆口铜鱼	26	12.0～28.0	平均值	0.17	0.70	—
			范围	0.13～0.24	0.60～0.80	—
长鳍吻鮈	19	12.7～23.5	平均值	0.16	0.93	1.39
			范围	0.06～0.23	0.73～1.15	1.15～1.60
长薄鳅	23	14.5～26.0	平均值	0.17	1.00	1.33
			范围	0.13～0.26	0.83～1.22	0.98～1.55
白甲鱼	18	14.9～25.0	平均值	0.10	1.19	1.54
			范围	0.06～0.35	0.98～1.51	1.43～1.60
后背鲈鲤	30	9.4～14.7	平均值	0.11	0.70	0.96
			范围	0.10～0.16	0.68～0.96	0.75～1.15
胭脂鱼	14	19.0～30.0	平均值	0.11	0.85	1.09
			范围	0.06～0.16	0.70～0.99	0.85～1.43
中华金沙鳅	5	12.0～14.0	平均值		1.50	
			范围		1.50	
短须裂腹鱼	25	25.0～30.0	平均值	0.07	0.76	1.20
			范围	0.06～0.08	0.64～0.87	1.08～1.42
长丝裂腹鱼	23	19.0～30.0	平均值	0.07	0.78	1.24
			范围	0.05～0.08	0.70～0.91	1.05～1.46

所有测试个体感应流速平均值在 0.07～0.26 m/s，设计感应流速上限值的最大值为 0.35 m/s（白甲鱼），设计临界游泳速度最小值为 0.70 m/s（圆口铜鱼、后背鲈鲤），设计突进游泳速度取在下限值的最小值为 0.96 m/s（后背鲈鲤）。

4.3　目标鱼类趋流性试验

鱼道进口效率是过鱼设施运行成败的关键所在，4.2 节游泳能力测试为鱼类被动式游泳测试，进口吸引流速的设计主要根据国外鱼类的研究成果进行分析和论证。为明确目标鱼类对流速的主动选择特征，本节选择代表性鱼类开展趋流性试验，为流速设计尤其是鱼道进口吸引流设计提供最为直接的支撑性试验数据。

除此之外，鱼道进口段的底质条件也是进口效率的重要影响因素，且底质条件易于改变，改变鱼道进口的底质条件是提高鱼道进口效率的措施之一。因此，选择金沙江段代表性的细鳞裂腹鱼、短须裂腹鱼成熟个体开展流速、底质的交叉响应试验，提出进口流速和底质设计建议。

4.3.1　研究方法

1. 试验布置

鱼类趋流性试验水渠由观音岩鱼类增殖放流站的环形亲鱼培育池改造而成。分隔出 4 个平行水渠：A 渠，B 渠，C 渠，D 渠，分别铺设不同的底质，如图 4.3.1～图 4.3.3 所示。4 个隔板分隔的水渠长度方向为 2.88 m 的水平段 +2 m 的 10% 的坡段，宽度均为 0.5 m。水渠之间的隔板粘贴上黑白条纹（引导鱼类进入水渠，避免白色隔板对鱼类造成排斥反应）。4 个水渠的底质从右到左依次为：

A 渠，直径 5 cm 鹅卵石铺底；

B 渠，直径 5 cm 鹅卵石镶嵌在沙底质中；

C 渠，光面混凝土；

D 渠，直径 20 cm 鹅卵石交错布置。

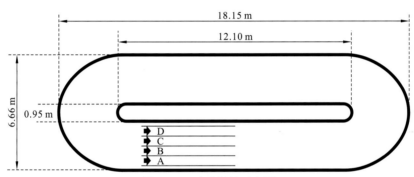

图 4.3.1　试验场地示意图

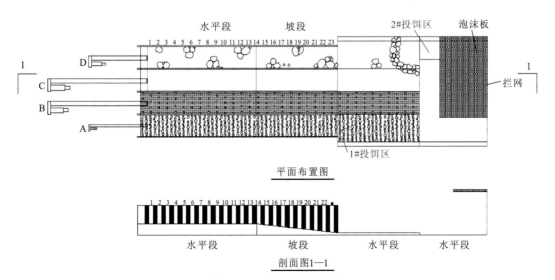

图 4.3.2　试验布置示意图

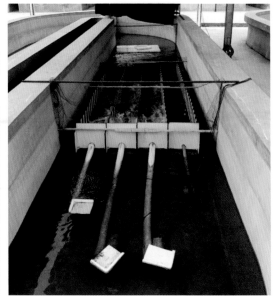

图 4.3.3　试验现场照片

　　沿水流方向，4 个水渠各接一段 2 m 长的相同底质段，中间不设隔板。在底质段后接 2 m 长的水平段，不铺设任何底质，为环形水池原有的混凝土光面；在水平段的末端用 1 m 高，1 cm×1 cm 网眼的拦网进行拦截，拦网右前端设一 1.78 m×1.18 m 的泡沫板漂浮在水面，为鱼类提供躲避区域，避免由于试验水深（30 cm）太浅而对中底层栖息习性的裂腹鱼造成的胁迫。

　　试验开始后通过摄像头跟踪记录鱼类的主要分布区域和游动轨迹，用以判别鱼类对流速和底质的选择偏好，以及分析鱼类的昼夜活动规律等。

2. 试验工况

　　采用 4 台潜水泵为 4 个水渠提供不同流量，制造不同的出流工况，同 4 个底质工况结合进行交叉试验，每个工况持续 48 h。试验工况设计如表 4.3.1 所示。

表 4.3.1　试验工况设计

工况		底质类型			
		A	B	C	D
		鹅卵石底质	砂嵌鹅卵石	光面混凝土	大块鹅卵石交错
流量 /（m³/s）	1	60	30	1.5	40
	2	40	1.5	30	60
	3	1.5	40	60	30
	4	30	60	40	1.5

3. 试验鱼

趋流性试验选择较易获得、应激反应较小的短须裂腹鱼和细鳞裂腹鱼作为试验种类，试验鱼健康状况良好，活性较高，试验鱼生物学指标见表 4.3.2。

表 4.3.2　试验鱼类生物学指标

	鱼种类	全长/mm	体长/mm	体重/g
1		335	280	396.0
2		295	250	248.0
3		340	280	337.7
4		330	270	338.3
5		436	370	714.0
6		339	330	549.0
7		390	330	521.0
8		400	335	539.9
9		355	305	477.0
10		385	320	493.0
11		385	325	491.0
12		390	320	484.0
13	短须裂腹鱼	390	320	533.0
14		355	295	413.0
15		375	315	431.0
16		400	330	618.0
17		355	305	435.0
18		345	295	386.0
19		340	290	362.0
20		335	280	312.0
21		345	285	368.0
22		310	265	297.0
23		330	280	337.0
24		350	285	374.0
25		300	250	250.0
26		320	265	266.0

续表

	鱼种类	全长/mm	体长/mm	体重/g
27		460	380	931.0
28		460	380	956.5
29		460	395	923.6
30	细鳞裂腹鱼	430	370	715.5
31		445	370	855.0
32		430	335	723.6
33		410	335	571.0
34		390	345	465.0

4. 试验环境

主要观测设施为：顶棚遮光网下方安装红外球形摄像机（具有夜视功能），可通过摄像头转动跟踪记录鱼类的主要分布区域和游动轨迹，用以判别鱼类对流速和底质的选择偏好，以及分析鱼类的昼夜活动规律等。球形摄像机基座安装于 2 m 长的方钢上，方钢固定于顶棚钢架，球形摄像机可沿轴向进行 2 m 长的位置调整，以分别调整到昼夜观测的最佳观测点（图 4.3.4）。此外，根据试验情况，在鱼类休息区、饵料投喂区或隔板末端放置水下摄像机，辅助观测鱼类行为。

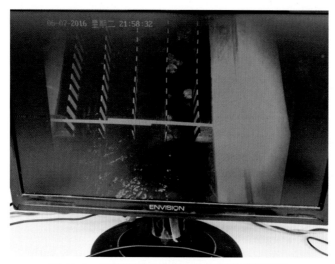

图 4.3.4　视频监测鱼类行为监控记录终端界面

另外，试验水槽上方的顶棚为白色半透明塑料瓦，在白天光线较强且容易造成池水升温，因此在试验区顶部及拦网上部搭建黑色遮阳网。

为了消除人对鱼类行为的影响，试验水池周围禁止说话，禁止在水池边沿观望，试验全程用顶部球形摄像机观测记录，水下摄像机在重点位置辅助记录。水下摄像机采用吊杆轻轻放入观测点。

4.3.2　研究结果

1. 流速分布

工况 1～工况 4 流速分布见图 4.3.5。

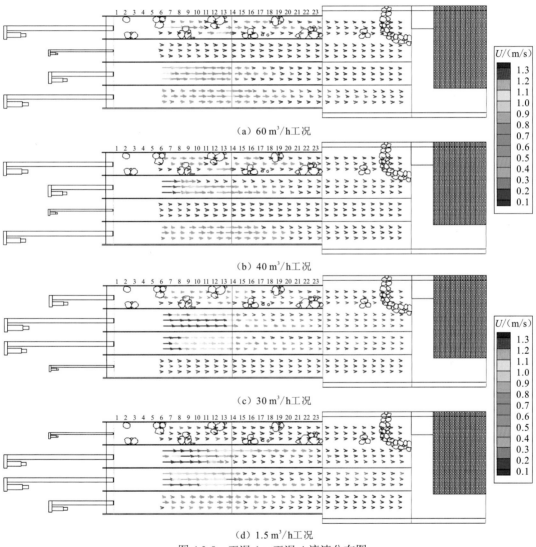

（a）60 m³/h 工况

（b）40 m³/h 工况

（c）30 m³/h 工况

（d）1.5 m³/h 工况

图 4.3.5　工况 1～工况 4 流速分布图

根据流速测试结果，4 个工况中，60 m³/h 对应的水渠末端最大流速为 19.43～31.82 cm/s，40 m³/h 对应的水渠末端最大流速为 15.69～27.28 cm/s，30 m³/h 对应的水渠末端最大流速为 11.66～19.43 cm/s，而 1.5 m³/h 对应的水渠末端最大流速均未超过 10 cm/s。

2. 鱼类趋性

分别以鱼类在 60 m³/h、40 m³/h、30 m³/h、1.5 m³/h 四个流量及 A、B、C、D 4 个不同底质渠道中的累计停留时间和尾数进行统计，鱼类累计停留时间（秒×尾）结果见表 4.3.3。

表 4.3.3 各试验工况鱼类数量及累计停留时间

工况		底质类型				
		A	B	C	D	吸引效率/%
		鹅卵石底质	砂嵌鹅卵石	光面混凝土	大块石交错	
水泵流量/(m³/h)	口门流速/(m/s)	累计停留时间/（秒×尾）				
60	0.19～0.32	629 158	52 800	874	140 720	45.11
40	0.16～0.27	398 098	14 221	2 741	389 274	40.66
30	0.12～0.19	231 476	346 009	267 045	5 518	13.22
1.5	0～0.10	11 796	506 369	117 152	148 088	1.01
吸引效率/%		38.66	28.38	11.70	21.26	—

4.3.3　研究结论

1. 流速趋性

由累计时间（尾数×时长）统计结果可知，所有工况水渠的 60 m³/h 和 40 m³/h 出流量对鱼均有较好的吸引效果，鱼类均可在水渠末端感知到渠道流速，因此，15.69 cm/s 以上的流速条件对试验鱼具有吸引作用，19.43 cm/s 以上的流速条件更优。同时，鱼类对小于 10 cm/s 的流速响应效果较差。

此外，通过视频观测鱼类在水渠中的游泳行为，鱼类喜好在 20～63 cm/s 的区域游动，偶尔跳跃或突进前进至流速大于 90 cm/s 的水域。因此，大流量、流速为 20～63 cm/s 的水流条件可作为过鱼设施进口设计的参数，且须保证进口流速不能过大，不超过 90 cm/s。

2. 底质选择性

由试验结果可知，在不同底质方面，A 渠-5 cm 左右直径鹅卵石铺底对鱼的吸引力最强；C 渠-光面混凝土对鱼的吸引力最弱。B 渠-5 cm 左右直径鹅卵石镶嵌在沙底质中、D 渠-20 cm 左右直径鹅卵石交错布置对试验鱼的吸引力居中。所有流量组合工况中，流量越大，对试验鱼的吸引力越强，60 m³/h、40 m³/h 两个流量的吸引率显著高于 30 m³/h、1.5 m³/h，占累计吸引鱼（数量×时长）的 85.77%。

4.4　过鱼设施流速设计参数

4.4.1　最大流速

在过鱼设施中，鱼类一般都是以高速冲刺的形式短时间通过过鱼孔口或竖缝，通过高流速区时间一般在 5～20 s，通过后，鱼类寻找缓流区或回水区进行休息。美国交通运输研究委员会（Transportation Research Boarcl，TRB）2009 年年会的报告中指出：观测到鱼类通过鱼道时的游泳速度为突进游泳速度；Blake（1983）通过研究发现鱼类通过竖缝式鱼道的竖缝时运用突进游泳速度，直到疲劳才停下来休息；Castro-Santos 和 Haro（2000）的研究也认为鱼类在耐久游泳速度到爆发游泳速度交界的流水速度可以到达游动的最大距离，因此选择突进游泳速度作为过鱼设施过鱼控制断面的流速设计值。

主要过鱼对象中除胭脂鱼、鲈鲤外，均为中小型鱼类，一般个体体长小于 0.5 m，且主要为中底层鱼类，因此过鱼设施控制断面流速设计的边界条件为保证过鱼孔近底边壁有 0.2～0.25 m 的低流速区域供中底层小型鱼类通过，此区域流速在 0.80～0.89 m/s 的范围内。其余高流速区主要通过中大型鱼类。

根据 4.3 节鱼类游泳能力测试结果，突进游泳速度范围下限值为 1.08 m/s（短须裂腹鱼），但由于试验鱼类转运、试验装置胁迫等原因，一般鱼类游泳能力的测试值和自然状态下的游泳能力存在一定差异，Webb（1971）认为根据鱼类的尺寸，用于鱼道设计的流速应在测试结果的基础上增加 7.5%～15%。为保证多种鱼类通过，本设计流速调整系数取 1.075，控制流速可适当放大至 1.10 m/s。

另外，由于鱼道底部及边壁的摩阻，一般在过鱼孔口处流速分布均存在一定梯度，孔边壁及底部流速显著低于过鱼孔口中心流速，鱼类可以利用近壁面和底部流速相对较低的区域通过，而对于过鱼孔中心等高流速区的最大流速，其流速可超过 1.10 m/s 达到 1.30 m/s，不会影响鱼类通过。

4.4.2　进口流速

根据 4.3 节试验结果，进口最大流速不宜超过鱼类突进游泳速度 1.10 m/s，而据联合国粮食及农业组织相关文献在进口外一定范围内，最佳的诱鱼流速范围为 60%～80% 的临界游泳速度。因此建议进口外一定范围内流速控制在 0.38～0.51 m/s。

4.4.3　出口流速

过鱼设施出口应保持有一定的流速，以便于鱼类游出过鱼设施后不影响其正常的洄游行为。因此，过鱼设施出口位置不可布置在完全静水的地方，这样鱼类就无法感应到流速，容易迷失方向。同时，出口位置也不可太贴近泄水建筑物，且流速超过鱼类临界游泳速度鱼类将很容易被吸入泄水闸而被带入下游。因此，过鱼通道出口流速建议大于鱼的感应流速，且在持续游泳速度范围内，根据测试结果建议出口设置在流速为 0.24～0.51 m/s 的水域。

4.4.4 仿生态设计

根据趋流性试验结果，金沙鱼道的底面、边壁、进口接底段应尽量铺设鹅卵石，鹅卵石需排列紧凑，避免混凝土光面表层。

根据趋流性试验，中底层鱼类对可见度高的浅水缺乏安全感，不愿意暴露在水深过浅的区域内。因此，以中底层鱼类为主要过鱼对象的金沙鱼道最小水深宜大于 1 m。

第 5 章

过鱼设施设计

5.1　基　本　资　料

1. 过鱼建筑物级别

金沙水电站开发主要任务为发电，促进地方经济社会发展，工程建成后还具有改善攀枝花河段淤积形态、供水灌溉、城市景观等综合效益。金沙水电站主要建筑物包括挡水、泄洪、电站及鱼道等。按照《防洪标准》（GB 50201—2014）和《水电工程等级划分及洪水标准》（NB/T 11012—2022）的规定，金沙水电站属二等大（2）型工程，鱼道过坝段为 2 级建筑物，其他部分为 3 级建筑物。

2. 洪水标准

金沙水电站地处山区，按照《防洪标准》（GB 50201—2014）和《水电工程等级划分及洪水标准》（NB/T 11012—2022）的规定，鱼道过坝段洪水标准与大坝一致，按 100 年一遇洪水设计，相应洪峰流量为 14 200 m³/s；按 1 000 年一遇洪水校核，相应洪峰流量为 18 000 m³/s。

5.2　过鱼设施现状

5.2.1　国内外过鱼设施现状

世界各国在修建水利水电工程时，都遇到了阻断洄游鱼类通道、影响鱼类资源的问题。为了保护鱼类资源，恢复河流生物多样性，修建了一些过鱼设施（鱼道、鱼闸和升鱼机等）。

欧洲修建鱼道的历史有 300 多年，1662 年法国西南部的贝恩（Bearn）曾颁布规定，要求在坝、堰上建造供鱼上下行的通道。19 世纪末到 20 世纪初，比利时工程师丹尼尔（Denil）对斜槽加糙物进行了长期的研究并发明了丹尼尔式鱼道，丹尼尔式鱼道至今仍在沿用。1938 年美国在哥伦比亚河的邦纳维尔（Bonneville）坝上建成世界上第一座拥有集鱼系统的大规模现代化过鱼建筑物。以后各国又相继出现了升鱼机、鱼闸、集鱼船等过鱼设施。据不完全统计，至 20 世纪 60 年代，美国、加拿大有过鱼设施约 200 座，西欧约有 100 座，苏联有 18 座，日本在 1933 年就有 67 座。至 20 世纪末，鱼道数量明显上升，在北美有近 400 座，日本有 1 400 余座，其中最高、最长的鱼道分别是美国的北汉坝鱼道（升高高度 60 m）和巴西的伊泰普鱼道（全长 10 km）。

我国过鱼建筑物的建设和研究历史较短，1958 年建设富春江七里垅水电站时，首次提及鱼道并进行了一系列的科学试验和调查，1960 年在黑龙江兴凯湖附近建成新开流鱼道，1962 年建成了鲤鱼港鱼道，1966 年建成江苏大丰斗龙港鱼道。到 20 世纪的 80 年代，我国建成的鱼道设施约 40 座。

自葛洲坝水利枢纽采取建设增殖放流站的措施来解决中华鲟等珍稀鱼类的保护问题后的 20 多年，我国在建设水利水电工程时没有修建过鱼设施，相关的技术研究工作处于停滞阶段。

进入 21 世纪，随着我国水利水电资源开发逐步推进，过鱼设施的研究和建设重新受到重视，至今，已有一批过鱼设施建成并投运行，另有一批过鱼设施在规划建设中，国内部分过鱼设施见表 5.2.1。

表 5.2.1 　国内主要过鱼设施

序号	工程名称	鱼道类别	修建鱼道年份	鱼道长/m	设计水位差/m	隔板形式
1	七里垅水电站	水电站	1958	450	16.80	同侧竖缝
2	大丰斗龙港闸	沿海	1966	50	1.50	两侧竖缝
3	射阳利民河闸	沿海	1970	90	1.50	大：同侧竖缝 小：方孔
4	东台梁垛河闸	沿海	1972	54	1.00	同侧竖缝
5	南通团结河闸	沿海	1971	51.3	1.00	长方孔
6	如东斜港河闸	沿海	1972	52.4	1.20	长方孔
7	洋塘水轮泵水电站	电（泵）站	1979	317	4.50	二表孔二潜孔
8	绥芬河渠道拦河坝	沿河	1990 改建	—	1.50	窄缝与底孔相结合
9	巢湖闸水利枢纽	内湖	2000	137	1.00	开底孔的垂直竖缝式
10	长洲水利枢纽	沿江	2009	1200	15.29	梯-矩形综合断面
11	伊犁河拦河引水枢纽	沿河	2011	—	—	仿自然通道
12	开都河第二分水枢纽及两岸干渠	沿河	2008	123	2.21	单侧垂直竖缝
13	老龙口水利枢纽	沿河	2005	281	18.00	垂直竖缝式
14	石虎塘航电枢纽	沿河	2008	713	9.34	单侧垂直竖缝
15	兴隆水利枢纽	沿河	2003	399	5.00	一表孔二潜孔

续表

序号	工程名称	鱼道类别	修建鱼道年份	鱼道长/m	设计水位差/m	隔板形式
16	长洲水利枢纽	沿江	2009	1 443	15.29	梯-矩形综合断面
17	石虎塘航电枢纽	沿河	2008	713	9.34	单侧垂直竖缝
18	西牛航运枢纽	沿江	2010	—	不同工况不一	垂直竖缝
19	布尔津河山口拦河引水枢纽	沿河	2010	166	6.53	矩形断面的垂直竖缝式
20	雅鲁藏布江藏木水电站	沿江	2011	3 600	—	垂直竖缝
21	金沙江金沙水电站	沿江	2020	1 755	26.50	垂直竖缝
22	拉洛水利枢纽	沿河	2019	2 194	39.90	垂直竖缝
23	汉江兴隆水利枢纽	沿河	2013	574	8.40	垂直竖缝
24	引大济湟工程	沿河	2017	377	6.60	垂直竖缝
25	芜湖鲁港闸	沿河	2017	430	5.40	垂直竖缝
26	汉江黄金峡水利枢纽	沿江	2024	2 150	45.50	垂直竖缝
27	乌东德水电站	沿江	2020	—	157.50	集运鱼系统
28	旭龙水电站	沿江	设计中	—	156.42	升鱼机
29	玉龙喀什	沿河	设计中	—	207.22	升鱼机
30	向阳水库	沿河	设计中	—	126.00	升鱼机

5.2.2　过鱼设施效果

布置合理的过鱼建筑物,可以减缓水利水电工程的阻隔影响,起到保护渔业资源的作用。

1966 年修建的江苏斗龙港鱼道在进行顺灌或倒灌时,均可发现各种幼鱼和成鱼通过鱼道上行,原来在闸上很少见到或濒临绝迹的鳗鲡、鲻、梭鱼、鲈等大量出现,鱼产量也显著增加。

1980 年建成的湖南洋塘鱼道在实际观察期间,65 个白天(夜间没有观察)中,仅青、草、鲢、鳙、鲤、鲫、鳊、鳜等经济鱼类过鱼达 40 多万尾,过鱼高峰的 4 月上中旬,平均每小时 2 600 多尾。

2009 年建成的广西长洲水利枢纽鱼道试运行期间过鱼 18 种,日过鱼量 3 798 尾,以赤眼鳟、鲮鱼为优势种群。

藏木水电站采用竖缝式隔板,2017 年 3~10 月累计净上行个体 12 764 尾次,观测种类主要为异齿裂腹鱼、巨须裂腹鱼、拉萨裂腹鱼,其中异齿裂腹鱼数量最多;2018 年 3~7 月,累计净上行个体约 6 347 尾次,观测种类主要为异齿裂腹鱼、巨须裂腹鱼、拉萨裂腹鱼,拉萨裸裂尻,黑斑原鮡。

金沙江金沙水电站鱼道 2021 年进行试运行,在集鱼补水渠未参与运行的前提下,2021

年 5～6 月共采集到 15 种鱼类，其中丽鱼科鱼类 1 种，鳅科鱼类 6 种，鲤科鱼类 8 种，单月过鱼数量超过 3 600 尾。

乌东德水电站集运鱼系统 2020 年 12 月建成，2021 年 3 月投入试运行，2021 年全年累计过鱼 47 种 29 884 尾，高峰集鱼量达到 1 914 尾/日，圆口铜鱼、长鳍吻鮈等 10 种主要过鱼对象全部收集并过坝，过鱼对象占比达到 98%，收集到国家二级保护动物 7 种，长江上游珍稀特有鱼类 18 种，最大集鱼体长 60 cm。2022 年截至 9 月底收集鱼类已超过 3 万尾，最大单日集鱼量达 2 367 尾/日，最大集鱼体长达 84 cm。

5.3　过鱼设施建筑物形式

5.3.1　过鱼设施建筑物形式分类

过鱼设施建筑物主要分为鱼道、仿自然通道、鱼闸、升鱼机和集运鱼系统等，其主要差异为水道的连通性与鱼类通过时的自主性。

鱼道、仿自然通道与鱼闸在应用时，鱼类均不需要离开原水体，其区别在于鱼道和仿自然通道的水流是连续变化的，需要鱼类依靠自身的游泳能力上溯；而鱼闸的工作原理与船闸类似，其中的水流受人工调控，不同时段的流量变化较大，通常需要采用一定的措施驱使鱼类进入拦河建筑物上游的前池。升鱼机主要是通过诱鱼集鱼系统将鱼类诱集后，通过机械装置的运输，实现鱼类过坝；诱鱼集运鱼系统工作过程中，转运个体会从自然水体中取出，然后经过不同方式转运过坝后再放流至自然水体中，存在收集、转运、放流等环节。

1. 鱼道

鱼道通过将过坝高度分解成多个较小的落差，形成一系列的水池，水池间设有卡口或隔板，相邻池间水流通过表层溢流或位于隔板上孔、槽或缝流动。水池有双重作用：一方面通过水流对冲、扩散来消能，达到改善流态、降低流速的目的；另一方面也可为鱼提供休息的场所。按结构形式，鱼道可分为池式鱼道、槽式鱼道和横隔板式鱼道（梯级鱼道）。

池式鱼道接近天然河道，鱼类在池中的休息条件良好，但其适用水头很小，平面上所占面积较大，且要求有合适的地形，故其实用性受到一定的限制。

槽式鱼道主体结构一般采用钢筋混凝土建筑而成，分为简单槽式和丹尼尔式两种。简单槽式为一条连接上下游的水槽，其中不设任何消能设施，仅靠延长水流途径和槽周糙率增加沿程损失来消能，鱼道坡度很缓，长度很长，适用水头很小，故实际很少采用；丹尼尔式鱼道在槽壁和槽底设有间距较密的阻板和砥坎，以减小平均流速和消减能量。丹尼尔式鱼道内水流的流速、紊流强度及曝气程度都很高。这类鱼道具有较强的选择性，一般适用于游泳能力较强劲的鱼类和水位差不大的地方。

简单槽式鱼道沿程添加若干横隔板，形成横隔板式鱼道。横隔板式鱼道利用横隔板将鱼道上下游的总水位差分成许多梯级，并利用水垫、沿程摩阻及水流对冲、扩散来消能，达到改善流态、降低过鱼孔（竖缝）流速的目的。横隔板式鱼道的水流条件易于控制，能用在水位差较大的地方，各级水池是良好的鱼类休息场所，且可调整过鱼孔（竖缝）的形式、位置、大小来适应不同习性鱼类的上溯要求，因其结构简单，维修方便，故近代鱼道大多采用这种形式。依据过鱼孔的形状及在隔板上的位置，鱼道隔板可以分为溢流堰式、淹没孔口式、垂直竖缝式和组合式。

2. 仿自然通道

仿自然通道（具有自然特征的旁路水道）是在水利枢纽附近设置一条与河道支流十分相似的水路供鱼类洄游通过。通道底部一般采用砂、砾石和卵石等形成起伏的粗糙底坡，通道岸坡采用土、木材、植物和岩石等形成曲面化边坡，通过用天然材料制作的生态石笼、条石或岩埂等形成收缩卡口以控制水流，并形成深潭-浅滩的形状，尽可能模仿坡度变化丰富的天然河流或溪流，使通道具有蜿蜒曲折、滩潭相间、主急侧缓、有深有浅的特点。

在某种程度上仿自然通道具有部分恢复功能，它补偿了由于蓄水而丧失的部分流水环境，通道底部及岸坡的天然材料经过通道内水流的冲刷和水体营养物质输移后，石块间隙被沙和水生动植物填满，并开始出现新的底栖群落和浮游群落，成为可供鱼类栖息、洄游和繁殖的场所。

仿自然通道的特点是坡度非常缓，一般为 1%～2%，在洼地河道中坡度甚至还要更缓。仿自然通道不像水池型鱼道中那样有明显的、系统分布的落差，水流的能耗通过一系列浅滩或小型瀑布实现，这种过程同自然水体十分相似。

3. 鱼闸

鱼闸适用于低中高水头鱼类过坝。鱼闸的操作原理与船闸极其相似，鱼类在闸室中凭借水位的上升，不必溯游便可过坝。鱼闸运行分 4 个阶段：①开启下游闸门，通过上游闸门或旁通管向下游泄水，鱼被吸引入闸室；②关闭下游闸门，充水至闸室水位与上游水位齐平；③开启上游闸门，通过旁通管产生的水流让鱼游入或用驱鱼栅驱入上游；④关闭上游闸门，开启下游闸门，重复以上步骤。

4. 升鱼机

升鱼机是通过机械设备提升，结合转运设施将鱼类输送过坝的一种过鱼设施。其原理是用一个捕集容器（鱼箱）直接捕获鱼类，通过提升（缆车）装置或转运设施（专用运输车），将鱼及捕集容器下部中少量的水提升或转运到上游，之后通过设备，将鱼箱沉入水中或倾倒鱼箱将鱼放入水库中。升鱼机对于低、中、高水头大坝均适用。

升鱼机主要由下游集鱼渠道、拦鱼赶鱼设备、捕集容器（集鱼箱）、机械提升设备或转运设施、上游轨道等组成。升鱼机运行分 3 个阶段：通过下游集鱼渠道将鱼吸引聚集，开启拦鱼赶鱼设备将鱼赶入集鱼箱；提升或转运集鱼箱至上游；利用提升装置或上游轨道，将集鱼箱沉入水中或倾倒集鱼箱，鱼进入上游。

5. 集运鱼系统

集运鱼系统是一种帮助鱼类通过水坝的方式，分为集鱼和运鱼两部分。为了达到一定的集鱼效果，应根据鱼类的行为特征在集鱼系统中设置诱导设施，补水系统，并设计观测窗，以便对集鱼效果进行评估。

按照集鱼操作过程的连续性，可分为连续集鱼和不连续集鱼。

连续集鱼可采用集鱼平台，集鱼平台可挂接网箱。其结构为：平台上有与水体连通的可放入网箱的空间，空间的内部带有可支撑网箱的托架，其中，平台上带有浮箱。

如果没挂接网箱，可直接将鱼集聚到船舱集鱼器中，再直接运到坝上，这种设施即为不连续集鱼的集鱼船。集鱼船为长 60～80 m 的浮动式船坞，其宽度一般不小于 10 m，上游端与运输船相连，下游端与斜栅铰接。当船收集到一定数量的鱼后就直接开赴上游，不能连续作业。集运鱼船即"浮式鱼道"，可移动位置，适应下游流态变化，移至鱼类高度集中的地方诱鱼、集鱼。集运鱼船由集鱼船和运鱼船两部分组成，即由两艘平底船组成一个"鱼道"。集鱼船驶至鱼群聚集区，打开两端闸门，水流通过船身，并用补水机组使其进口流速比河床底部流速大 0.2～0.3 m/s，以诱鱼进入船内，后通过驱鱼装置将鱼驱入紧接其后的运鱼船，然后通过船闸过坝后将鱼放入上游。

集鱼方法主要分为物理方法和生物化学方法。利用鱼类对各种环境因素的感应及其生物学特征而制定相应的诱导措施。如拦鱼坝（堰）、拦鱼网、电栅、水流诱导、声诱导、光诱导、电诱导、气泡幕诱导等。由于鱼类行为各异，工程环境有别，具体的集鱼诱导措施应根据实际情况而定，各种集鱼方法可结合使用。

5.3.2　过鱼设施建筑物形式选择

各种类型的过鱼设施皆有特定的使用条件。金沙水电站的过鱼建筑物形式根据过鱼对象的习性，枢纽及河流的水流条件，枢纽的地形条件、施工条件、运行与维护、工程经济等要素进行综合比选。

1. 鱼闸、升鱼机和集运鱼船

鱼闸需要在下游导流渠内布置诱鱼系统，并在下游导流渠及闸室布置驱鱼系统，其运行方式与船闸相似。鱼闸的主要优点为：鱼不需费力溯游即能过坝，比在鱼道中省时，不存在通过鱼道后的疲劳问题；能适应较高的水头；与相同水头的鱼道相比，造价较低，占地较少，便于在枢纽中布置。其主要缺点为：过鱼不连续；仅适用过鱼量不多的枢纽；需配备较多的机电设备，运行、保养、维修等后期费用较高。

升鱼机是利用机械设备升鱼和转运设施过坝，其主要优点为：能适用于高坝和库水位变幅较大的枢纽，也可用于需要较长距离转运鱼类的枢纽。其主要缺点为：机械设施发生故障的可能性较大，以致耽误亲鱼过坝；过鱼不连续，也不能大量过鱼；机电设备较多，运行、保养、维修等后期费用高。

集运鱼船主要优点为：机动性好，可在较大范围内变动诱鱼流速；与枢纽布置无干扰，可将鱼运到上游安全的地方投放；造价较低。其主要缺点为：运行管理费用较大；对于在底层活动的鱼类，集鱼比较困难；补水机组的噪声，机械振动及油污，影响集鱼效果。

金沙水电站位于金沙江干流上，对过鱼设施的要求较高。为了最大限度地降低对鱼类洄游的影响，宜选择过鱼效果好、过鱼效率高的设施。由于本河段的过鱼对象以底层鱼类为主，所以过鱼设施应适合底层鱼类通过。

综上所述，升鱼机、鱼闸和集运鱼设施存在过鱼不连续、过鱼效果不稳定、不能大量过鱼等缺点，且操作复杂、运行费用高，不适合金沙水电站工程。

2. 仿自然通道和鱼道

仿自然通道和鱼道均能够连续过鱼，过鱼效果稳定，过鱼种类较多并能维持一定的水系连通性。

仿自然通道中水流的能耗通过一系列浅滩或小型瀑布实现，这种过程接近天然河道情况，鱼类在渠道中休息条件良好。但是仿自然通道坡度较低、占地面积大，适应上下游水位的变化能力不强。

金沙水电站坝址所在河段河床狭窄，采用仿自然通道所需的水量和占地面积大，相应工程量也大，从地形地质上不具备布置仿自然通道的条件。同时，金沙水电站上游水位变幅 2.0 m、下游水位变幅达 6.7 m，采用仿自然通道较难适应上下游的水位变幅。

另外，仿自然通道虽然过鱼效果较好，但设计难度较大，目前国内的成功范例较少，采取该方案的运行效果存在一定不确定性，后期运行需要进行长期维护和调整，技术支撑也较薄弱。

相对于仿自然通道，常规鱼道底坡较陡，在长度和宽度方面受地形地质条件限制较少，鱼道运行所需水量、占地面积和工程量相对较少；通过开设多个进鱼口和出鱼口，鱼道可以适应上下游的水位变幅。由于鱼道的研究、设计和建设已历时多年，部分鱼道过鱼效果良好，鱼道设计技术较成熟，可操作性较强，运行维护费用较低。

因此，根据各类过鱼设施建筑物的特点，结合过鱼对象的洄游习性、鱼体大小及技术条件，并参考国内外已建工程经验，从持续过鱼及运行费用方面综合考虑，推荐过鱼建筑物采取鱼道的结构形式。

5.4 过鱼通道线路

过鱼通道线路的选择是鱼道成败的关键，应在参考国内外已建鱼道的经验基础上，根据金沙水电站枢纽总体布局、河流水力学条件、河岸地形条件及鱼类生态特性等因素综合考虑确定。

5.4.1 过鱼通道线路选择的原则

为保证在过鱼季节，过鱼对象能顺利安全通过鱼道进入上游安全水域，并有利于管理，在进行线路选择时遵循以下原则。

（1）鱼道宜布置在幽静的环境中，避开有机械振动、下泄污水和嘈杂喧闹的区域。

（2）鱼道的进口宜布置在经常有水流下泄、鱼类洄游路线及经常集群的地方，并尽可能靠近鱼类能上溯到达的最前沿；进口附近水流不应有漩涡、水跃和大环流，进口下泄水流应便于鱼类分辨。

（3）进口应避开泥沙易淤积处，选择水质良好、饵料丰富的水域，避开有油污、化学性污染和漂浮物的水域。

（4）鱼道的出口一般应傍岸布置，出口外水流应平顺，流向明确，没有漩涡，以便鱼类能顺利上溯；出口应远离溢洪道、发电机组及其他取水建筑物的进水口，以免进入上游的鱼被下泄水流带回下游；出口一定范围内不应有妨碍鱼类继续上溯的不利环境，如水质严重污染区、码头和船闸上游引航道出口等。

5.4.2 金沙水电站过鱼通道的线路选择

金沙水电站枢纽采用在河床及左岸布置电站建筑物，右岸布置泄洪、导流设施的枢纽布置格局，导流明渠布置在靠右岸。

枢纽左段电站厂房下泄水流经尾水渠排向下游河道，该区域水流比较平顺，无水跃或大环流等不利于鱼类游动的流态，是较适宜布置进鱼口的区域。

枢纽右段溢洪道在泄洪时水流流速相对鱼的极限克流流速过大，蓄水时则不产生下泄水流，下游区域接近静水区，不具备诱导洄游鱼类集中上溯的水流条件。

根据鱼道布置的原则，将进鱼口布置在电站厂房段尾水渠岸边。金沙水电站拦河建筑物靠近左岸为电站厂房段，靠近右岸为溢流坝，故宜将鱼道布置在电站厂房段以左的左岸边坡之上。鱼道推荐方案平面布置见图 5.4.1。

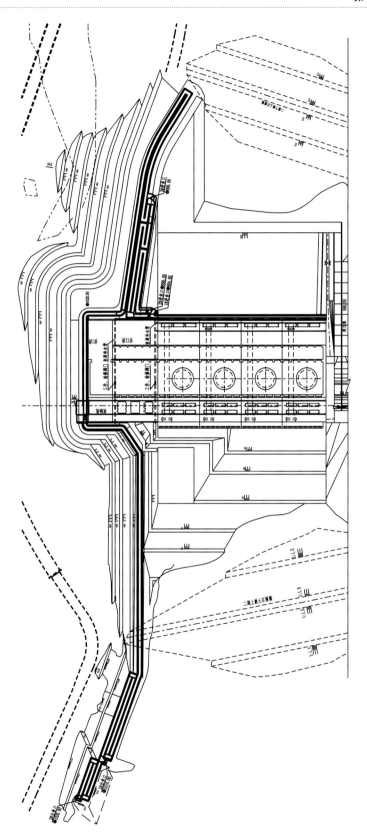

图 5.4.1　金沙水电站鱼道平面布置图

5.5 鱼道设计

5.5.1 设计主要参数

1. 运行流量与水位

根据金沙水电站建成后的运行调度方式，金沙水电站鱼道上游最高运行水位采用水库正常蓄水位 1 022.0 m，最低运行水位采用水库的死水位 1 020.0 m。下游最高运行水位为 1 002.2 m，相应流量为过鱼季节 3～6 月最大瞬时流量多年平均值 3 140 m³/s；最低运行水位为 995.5 m，相应流量为过鱼季节 3～6 月最小瞬时流量多年平均值 511 m³/s。当下游银江水电站建成后，鱼道下游运行水位维持在 998.0～998.5 m。

金沙水电站鱼道的运行流量为 511～3 140 m³/s；设计最大工作水头为 26.5 m，设计最小工作水头为 17.8 m；鱼道上游运行水位的变化幅度为 2.0 m，下游运行水位的变化幅度为 6.7 m。金沙水电站坝址水位与下泄流量关系如表 5.5.1 所示。

表 5.5.1　金沙水电站坝址水位与下泄流量关系表

坝址水位/m	下泄流量/（m³/s）	坝址水位/m	下泄流量/（m³/s）
995.50	510	999.5	1 850
996.00	631	1 000.0	2 060
996.50	775	1 000.5	2 290
997.00	933	1 001.0	2 520
997.50	1 100	1 001.5	2 770
998.00	1 270	1 002.0	3 030
998.50	1 450	1 002.5	3 300
999.00	1 640	—	—

2. 设计流速

鱼道池室内的流速应小于鱼类的持续游泳速度，鱼类才可以持续地在鱼道中前进。竖缝或孔口等处的流速即鱼道设计流速要小于鱼类的极限游泳速度，一般取突进游泳速度，鱼类才能顺利通过隔板。

鱼道的设计流速主要根据主要过鱼对象的游泳能力而定，金沙江中下游主要鱼类的游泳能力试验表明，试验状态下鱼类突进游泳速度在 1.0～1.3 m/s。鱼道设计的过鱼孔平均控制流速取 1.1 m/s，过鱼孔断面最大流速不超过 1.3 m/s。

3. 鱼道主要结构尺寸

鱼道过鱼池的断面形式变化多样，常见的有矩形断面和梯形断面两种形式。根据金沙水电站鱼道布置的地形条件、鱼道沿程深度等因素，过鱼池采用矩形断面。断面为矩形的过鱼池的主要尺寸参数包括：长度、宽度和底部纵坡等。

1）池室宽度与长度

鱼道的宽度是鱼道池室的净宽，主要由过鱼量、过鱼对象的习性、鱼道孔缝宽度及消能条件而定。当过鱼量多或河面较宽时，鱼道宜设置较大的宽度。池室长度与水流的消能效果、过鱼量、鱼类个体大小及鱼类的生活习性有关。较长的水池，水流条件好，休息水域大，过鱼条件好；反之，消能不充分或水流紊动大，过鱼条件差。鱼类个体愈大，池室应愈长；躁性急窜的鱼类，应有较长的池室。

根据《水电工程过鱼设施设计规范》（NB/T 35054—2015），以及《水利水电工程鱼道设计导则》（SL 609—2013），池室宽度不应小于最大过鱼对象体长的 2 倍；池室长度不应小于最大过鱼对象体长的 2.5 倍；池室长宽比宜取 1.2～1.5。

金沙水电站过鱼设施主要过鱼对象除鲈鲤外，均为中小型鱼类，鲈鲤最大个体体长为 1.2 m，但极其少见，多数个体体长在 1 m 以下。因此，金沙水电站过鱼设施主要过鱼对象规格为 1.0 m 以下。按照过鱼对象规格，鱼道池室宽度取 2.0 m、长度取 2.5 m 基本可满足要求，考虑到金沙水电站位于金沙江干流上，鱼道宽度适当放宽可更好地保证池室内部水流条件，因此，鱼道宽度取 3.0 m，单个过鱼池长度取 3.5 m。

2）鱼道池室水深

鱼道在实际运行过程中的水深是一个动态变化的过程，过鱼池沿程的水深随上下游水位的变化而发生改变。鱼道池室水深（h）主要视鱼类习性而定。底层活动的鱼类和大个体成鱼，喜欢较深的水体和暗淡的光色，故要求水深大一些；幼鱼一般喜在水表层活动，池室水深可小一些。

鱼道池室水深主要视鱼类习性而定，参考联合国粮食及农业组织对鱼道池室尺寸的建议，池室水深不应小于最大过鱼对象体高的 5 倍。本工程主要过鱼对象中最大个体是鲈鲤，鲈鲤体型呈侧扁形，根据《四川省鱼类志》等文献，鲈鲤体长体高比一般为 3.7～4.5，体长超过 1.0 m 的鲈鲤体高一般在 20～30 cm，因此，池室平均水深不应小于 1.5 m。

考虑到金沙水电站以中底层鱼类为主，中底层鱼类对可见度高的浅水缺乏安全感，不愿意暴露在过浅水深范围内。综合以上因素，金沙水电站鱼道池室设计最小水深取 1.5 m。

3）隔板形式及数量

（1）隔板形式。过鱼池隔板形式和尺寸是决定池室下降水流形态的主要因素，对于鱼类的上溯游动至关重要。鱼道隔板形式多样，有垂直竖缝式、溢流堰式、底孔式及组合式等，其中垂直竖缝式隔板是一种比较常用的隔板形式。此隔板形式的过鱼通道为竖缝，对于池室水位变化的适应能力较强，而且表层鱼类、中层鱼类和底层鱼类均适宜通过。垂直竖缝式可分为单侧竖缝式和双侧竖缝式；隔板的一侧开缝为单侧竖缝式，两侧均开缝为双侧竖缝式。单侧竖缝式隔板又可分为同侧竖缝式和异侧竖缝式；隔板开缝位于同侧的为同侧竖缝式，两侧交错布置为异侧竖缝式。

金沙水电站鱼道隔板采用同侧竖缝式，竖缝宽度不宜小于过鱼对象宽度的 3 倍。根据过鱼对象的生态特性，隔板厚 20 cm，竖缝宽度 0.4 m，竖缝法线与鱼道中心线的夹角 45°，夹角导致的水流效果经物理模型试验进一步确定。隔板形状及布置见图 5.5.1 和图 5.5.2。

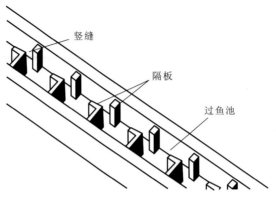

图 5.5.1　同侧导竖式隔板

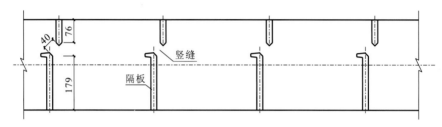

图 5.5.2　金沙水电站鱼道隔板平面图（单位：cm）

（2）隔板数量。按照《水电工程过鱼设施设计规范》，以及《水利水电工程鱼道设计导则》，鱼道隔板块数 n 可按式（5.1.1）估算：

$$n = k\frac{gH}{v^2} \tag{5.5.1}$$

式中：k 为系数，随隔板形式的消能效果而异，其值为 $k = 2\varphi^2$，φ 为隔板流速系数，可取 $0.85 \sim 1.0$；g 为重力加速度，9.81 m/s^2；H 为鱼道上下游设计水位差，m；v 为鱼道设计流速，取 $0.7 \sim 1.1 \text{ m/s}$。

经估算，鱼道隔板数量 $n = 234 \sim 860$。

根据地形条件及相邻建筑物布置，兼顾上、下游水位的变动，最终确定鱼道隔板数量为 507 级，鱼道过鱼池为 507 级，休息池为 17 级（其中斜坡过鱼池 4 级，平底过鱼池 13 级）。

4）池室间水位落差与底坡

鱼道过鱼池段底板采用恒定坡比设计，间隔 10 级以上过鱼池设置休息池，休息池底部坡度可采用平底或过鱼池底坡的一半。

相邻过鱼池间的水位落差和过鱼池底坡可分别按下列公式计算：

$$\Delta h = \frac{v^2}{2g} \tag{5.5.2}$$

$$i = \frac{\Delta h}{L} \tag{5.5.3}$$

式中：V 为鱼道设计流速，取 $1.1 \sim 1.3$ m/s；g 为重力加速度，取 9.81 m/s²；Δh 为水位落差，m；i 为过鱼池底坡；L 为单个过鱼池长度，取 3.5 m。

根据上列各式计算，池间水位落差 Δh 为 $0.062 \sim 0.086$ m，过鱼池底坡 i 为 $1 : 41 \sim 1 : 57$，经综合考虑，过鱼池底坡取 $1 : 50$，斜坡休息池底坡取 $1 : 100$；池室内的水流条件通过水力学模型试验进行验证。

4. 过鱼池水力学指标

过鱼池水力学计算主要包括鱼道的流量和容积功率耗散两项，流量是评价鱼道的重要经济技术指标，容积功率耗散与鱼类的上溯紧密相关。

1）鱼道的流量

垂直竖缝式鱼道的流量可按下式作近似计算。

$$Q = C_d b_2 H_2 \sqrt{2gD_h} \tag{5.5.4}$$

式中：Q 为流量，m³/s；b_2 为竖缝宽度，m；H_2 为缝上水深，即上游鱼池水位与竖缝顶的高差，m；g 为重力加速度，9.81 m/s²；D_h 为池间水头差；C_d 为流量系数，主要受竖缝结构形态的影响，竖缝上游边界的圆化处理能增大竖缝的流量系数，对于圆化处理的竖缝 C_d 取 0.85，对于尖锐棱角的竖缝 C_d 取 0.65。

金沙水电站鱼道上下游水位均非恒定，一般情况下上游出鱼口水深的变化幅度为 $1.0 \sim 3.0$ m；下游进鱼口的最小水深为 1.5 m。取 $C_d = 0.75$，四种工况条件下，鱼道过鱼池流量的计算结果如表 5.5.2 所示。计算结果表明，金沙水电站鱼道过鱼池的流量在 $0.365 \sim 1.095$ m³/s。

表 5.5.2　金沙水电站鱼道流量计算结果

工况	出鱼口水深/m	进鱼口水深/m	流量/（m³/s）
1	1.0	1.5	0.365
2	1.5	1.5	0.547
3	3.0	1.5	1.095
4	3.0	3.0	1.094

2）池室紊流度

过鱼池中的水流紊流强度过大，对鱼类在鱼道内的上溯游动产生不利影响。水流紊流强度可按下式作近似计算。

$$P_v = \frac{\rho g Q D_h}{V} \tag{5.5.5}$$

式中：P_v 为单位水量消能量，w/m³；ρ 为水的密度，$1\,000$ kg/m³；g 为重力加速度，9.81 m/s²；

Q 为鱼梯水流流量，m^3/s；D_h 为池间水头差，m；V 为单个鱼池的水量，m^3。

根据研究，只有水池的大小确保紊流强度小于 150 W/m^2 时，才能确保水池中的低紊流强度流动。池室水深分别取 1.0 m、1.5 m、3.0 m，根据公式计算得出鱼道过鱼池的容积功率耗散约为 32.64 W/m^2。计算结果表明，紊流强度较小，池室内水流的紊动不剧烈，适合鱼类上溯。

5.5.2　布置方案比较

根据枢纽布置格局及鱼道进口和出口的布置原则，鱼道布置在电站厂房左侧的边坡上，主要建筑物包括鱼道主体结构（鱼道进口、过鱼池、鱼道出口）、厂房集鱼系统及补水系统等，共拟定了 3 个方案。

方案一和方案二中，鱼道靠左岸边坡循环往返布置；方案三鱼道沿左岸向下游延伸至距坝轴线约 653 m 处折返。方案一和方案三均布置了多个进鱼口和出鱼口，方案二在方案一的基础上减少进鱼口和出鱼口个数。

1）方案一（推荐方案）

方案一鱼道全长约 1 486 m，设有 3 个进鱼口和 2 个出鱼口。鱼道的平面布置如图 5.5.3 所示。

1#进鱼口底板顶高程为 994.00 m，贴近电站厂房段；进鱼口与坝轴线的垂直距离约为 92 m。1#进鱼口段的结构见图 5.5.4（a）。

2#进鱼口底板顶高程为 996.00 m，毗邻 1#进鱼口，并与集鱼渠相连接，进鱼口与坝轴线的垂直距离约为 90 m，进鱼口轴线与所衔接的过鱼池轴线呈 30°交角。2#进鱼口段的结构如图 5.5.4（a）所示。

3#进鱼口底板顶高程 999.00 m，进鱼口与坝轴线的垂直距离约为 199 m，进鱼口轴线与所衔接的过鱼池轴线呈 30°交角。3#进鱼口的结构如图 5.5.4（b）所示。

1#出鱼口高程 1 018.00 m，与坝轴线的垂直距离约为 337 m；2#出鱼口高程 1 020.00 m，位于上游过鱼池段末端，与坝轴线的垂直距离约为 373 m。1#、2#、3#进鱼口墙顶高程为 1 003.00 m，3 个进鱼口各设一道检修闸门；出鱼口墙顶高程为 1 023.00 m，设一道工作闸门，在鱼道过坝肩处设一道挡水闸门。闸门均为垂直起降平板门。

2）方案二

方案二鱼道全长约 1 677 m，设有 2 个进鱼口和 1 个出鱼口。平面布置如图 5.5.5 所示。

1#进鱼口段底板顶高程为 994 m，贴近电站厂房段，并与厂房集鱼渠相连接，进鱼口与坝轴线的垂直距离约为 87 m。2#进鱼口段底板顶高程为 994 m，位于鱼道下游过鱼池段末端，与坝轴线的垂直距离约为 260 m。1#进鱼口段与 2#进鱼口段通过长度、坡度相同的上、下游过鱼池段在距坝轴线垂直距离约 172 m 处汇合，然后与鱼道正常段相连接。

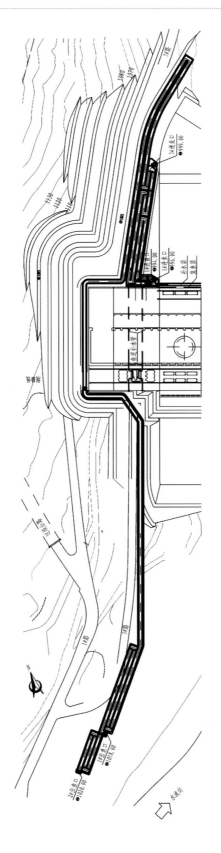

图 5.5.3　金沙水电站鱼道布置方案一（高程单位：m）

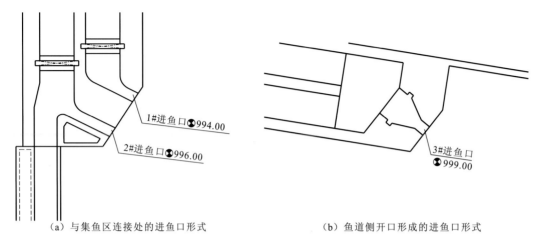

（a）与集鱼区连接处的进鱼口形式　　　　（b）鱼道侧开口形成的进鱼口形式

图 5.5.4　金沙水电站鱼道进鱼口平面布置（高程单位：m）

鱼道出鱼口段底板顶高程为 1 018.50 m，位于上游过鱼池段末端，与坝轴线的垂直距离约为 389 m。

3）方案三

方案三鱼道全长约 1 790 m。设置了 3 个进鱼口和 2 个出鱼口，平面布置如图 5.5.6 所示。

1#进鱼口底板顶高程为 994.00 m，布置在电站下游边墙与左岸边坡相交处，朝向河段下游，进鱼口段轴线与鱼道过鱼池段轴线成 30°交角，进鱼口与坝轴线的垂直距离约为 179 m。2#进鱼口底板顶高程为 996.00 m，与位于弧形过鱼池段上的休息池衔接，进鱼口段轴线与所衔接的过鱼池段轴线呈 30°交角，进鱼口与坝轴线的垂直距离约为 320 m。3#进鱼口底板顶高程为 1 000.00 m，进鱼口段轴线与所衔接的过鱼池段轴线成 30°交角，进鱼口与坝轴线的垂直距离约为 457 m。

1#出鱼口高程 1 018.50 m，朝向水库上游，与所衔接的过鱼池段轴线成 30°交角，与坝轴线的垂直距离约为 198 m；2#出鱼口高程 1 020.50 m，位于上游过鱼池段末端，与坝轴线的垂直距离约为 319 m。

1#、2#、3#进鱼口墙顶高程为 1 003.0 m，分别设一道检修闸门；1#、2#出鱼口墙顶高程为 1 023.0 m，分别设一道工作闸门，在鱼道过坝肩处设一道挡水闸门。闸门均为垂直起降平板门。

坝下游的鱼道过鱼池段与集鱼渠连接，沿岸坡向下游延伸，然后折回至电站下游边墙处，转折处距坝轴线约 653 m。过鱼池段沿水电站下游边壁、电站厂房安装间安Ⅰ段侧壁及上游边壁进入上游库区，最远处距坝轴线 319 m。

4）方案比较与选择

金沙水电站鱼道的 3 个设计方案在技术上均成立，主要在工程量、运行条件和施工条件方面存在一定的差异。

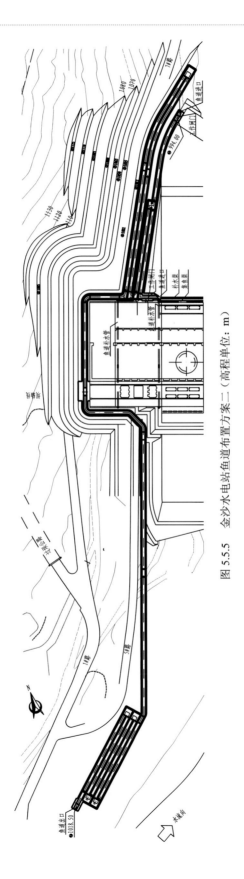

图 5.5.5　金沙水电站鱼道布置方案二（高程单位：m）

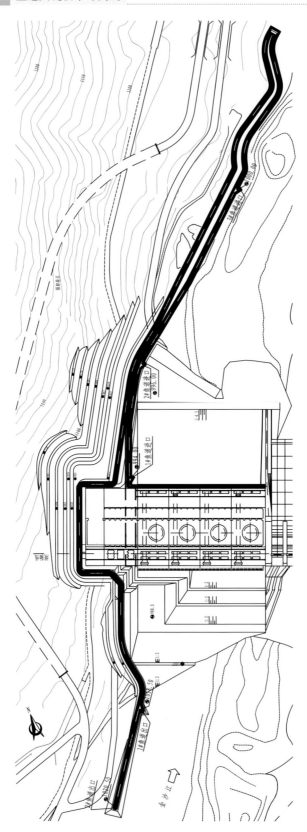

图 5.5.6 金沙水电站鱼道布置方案三（高程单位：m）

（1）工程量。金沙水电站鱼道的 3 个方案的主要土建工程量如表 5.5.3 所示。

表 5.5.3　各方案主要工程量比较表

方案	土石方开挖量/m³	混凝土量/m³	钢筋量/t
一	28 315	28 753	2 709
二	24 554	28 022	2 581
三	59 370	29 912	2 818

根据表 5.5.3：方案三的土石方开挖量远远超出方案一和方案二，超出比例约为 119%。3 个方案的混凝土用量和钢筋用量比较接近，其中方案三最大，方案二最小。综合比较，方案三土建工程量偏大，方案一和方案二土建工程量较接近。

（2）运行条件。方案一采用 3 个进鱼口和 2 个出鱼口的设置，通过联合调度下游 1#、2#、3#进鱼口与上游 2 个出鱼口，以满足鱼道过鱼要求。当下游进鱼口水位在 995.5～999.5 m，通过联合调度下游 1#、2#进鱼口与上游 2 个出鱼口，以满足鱼道过鱼要求；当下游进鱼口水位在 999.5～1 001.5 m，可通过补水系统向 2#进鱼口补水，以满足鱼道过鱼要求；当下游进鱼口水位在 1 001.0 m 以上，则启用 3#进鱼口。

方案三采用 3 个进鱼口和 2 个出鱼口的设置，对鱼道上下游水位变化的调度能力较强。调节方式类似方案一。

综合以上分析，从鱼道的运行条件方面比较 3 个方案；方案二较差，方案三和方案一较优；方案一略优于方案三。

（3）施工条件。枢纽上游，3 个方案鱼道均穿过二期围堰。枢纽下游，方案一和方案二鱼道均布置在二期围堰内；方案三鱼道下游延伸较长，最远处距坝轴线约 660 m，超出下游二期围堰约 300 m，施工困难较大。与方案一和方案二相比，方案三的施工更复杂。

（4）推荐方案。综合比较 3 个方案的工程量、运行条件及施工条件，方案一优于方案二和方案三，推荐方案一作为金沙水电站鱼道的设计方案。

5.5.3　推荐方案平面布置

1. 鱼道总体布置

金沙水电站鱼道布置在电站厂房以左的左岸边坡上，设有 3 个进鱼口和 2 个出鱼口，全长约 1 486 m。主要建筑物包括：鱼道主体结构（鱼道进口、过鱼池、鱼道出口）、厂房集鱼系统及补水系统等。

2. 鱼道进口

鱼道的进口一般布置在经常有水流下泄、鱼类洄游路线及经常集群的地方，并尽可能靠近鱼类能上溯到达的最前沿；鱼道进口附近水流不应有漩涡、水跃和大环流；鱼道进口下泄水流流速应大于 0.2 m/s，进口下泄水流应使鱼类易于分辨和发现，有利于鱼类集结；进口位置应避开泥沙易淤积处，选择水质良好、饵料丰富的水域，避开有油污、化学性污染和漂浮物的水域；进口应能适应过鱼季节运行水位的变化。

金沙水电站鱼道下游进鱼口的布置需考虑综合水电站尾水渠的水位变化、河流动力学特性、鱼类洄游路线及河岸地形条件等因素。由于金沙水电站厂房和左岸形成了天然的集鱼区，应借用这一地形优势，将鱼道进鱼口布置在距离电站厂房下游较近的岸边。

金沙水电站尾水渠水位变化幅度为 6.7 m。鱼道上游出鱼口水位在一定条件下，进鱼口水深过大时下泄水流的流速很小，需大量补水，造成不必要的工程浪费，故金沙水电站鱼道下游采用 3 个进鱼口的"多进鱼口"且增设补水系统的布置形式。

3. 鱼道出口

鱼道出口应近岸布置，并远离泄水流道、发电厂房的进水口；出口一定范围内不应有妨碍鱼类继续上溯的不利环境，如水质严重污染区、码头和船闸上游引航道出口等；出口宜布置在水深较大和流速较小的地点，确保出口设在过鱼季节最低运行水位线以下；出口高程应能适应水库水位涨落的变化；出口外水流应平顺，流向明确，流速不宜大于 0.5 m/s。

金沙水电站鱼道上游出鱼口运行水位的变化幅度为 2 m，若采用单出鱼口设计，可能出现上游出鱼口水深远大于下游进鱼口水深的工况，导致鱼道内流速超出允许值上限。因此，鱼道上游采用"多出鱼口"布置形式。

5.5.4 推荐方案结构设计

1. 进鱼口及进鱼口段

鱼道进鱼口和进鱼口段采用整体"U"形结构，布置在电站厂房下游左侧岸坡上。根据过鱼对象的生态习性及物理模型试验研究结果，考虑下游银江水电站建成后对金沙水电站下游水的影响，鱼道进鱼口设置有 3 个，1#和 2#进鱼口布置在坝下，其中 2#进鱼口和集鱼补水渠连接。进鱼口均朝向下游，每个进鱼口设置 1 道垂直起降的平板式检修闸门。

进鱼口段净宽 3.0 m，墙顶高程为 1 003.00 m，底板厚 2.00 m。进鱼口布置形式如图 5.5.4 所示。

1#进鱼口底板顶高程为 994.00 m，距坝轴线垂直距离约为 92 m；1#进鱼口段的平面布置如图 5.5.4（a）所示。

2#进鱼口底板顶高程为 996.00 m，毗邻 1#进鱼口，距坝轴线垂直距离约为 90 m；2#进鱼口段的平面布置如图 5.5.4（a）所示。

3#进鱼口段底板顶高程为 999.00 m，与坝轴线垂直距离约为 199 m，进鱼口段轴线与所衔接的过鱼池段轴线成 30°交角，平面布置如图 5.5.4（b）所示。

2. 过鱼池

过鱼池采用整体"U"形结构。单个过鱼池净宽 3.0 m，长 3.5 m，底坡 1∶50，侧墙宽 1.0 m，底板厚 2.0 m。每间隔 10 个隔板设置一个长 7.0 m 的斜底休息池，休息池坡度为 1∶100。过鱼池及休息池隔板采用单侧导竖式，隔板厚 20 cm，竖缝宽度为 40 cm。过鱼池的结构如图 5.5.7 所示。

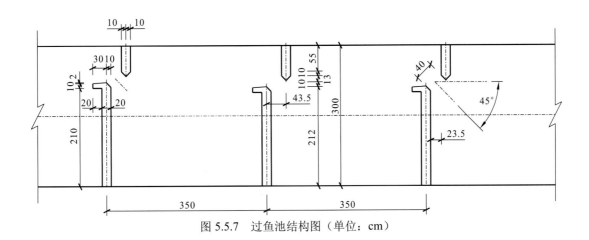

图 5.5.7　过鱼池结构图（单位：cm）

3. 出鱼口及出鱼口段

鱼道出鱼口及出鱼口段采用整体"U"形结构，布置在电站厂房上游左侧岸坡上。根据过鱼对象的生态习性，以及物模试验研究结果，鱼道出鱼口设置有 2 个。出鱼口朝向水库上游，每个出鱼口设置 1 道垂直起降的平板式工作闸门。

1#出鱼口高程 1 018.00 m，与坝轴线的垂直距离约为 337 m；2#出鱼口高程 1 020.00 m，位于上游过鱼池段末端，朝向水库上游，与坝轴线的垂直距离约为 373 m。出鱼口布置如图 5.5.8 所示。

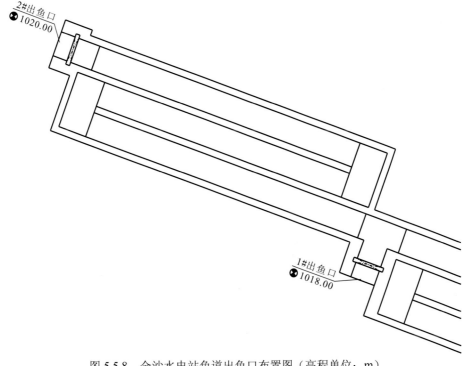

图 5.5.8　金沙水电站鱼道出鱼口布置图（高程单位：m）

4．厂房集鱼系统

厂房集鱼系统主要由集鱼补水渠和进鱼孔组成。集鱼补水渠由集鱼渠和补水渠构成，平行坝轴线布置，通过挑梁悬挑布置在电站尾水平台上。集鱼渠为"U"形结构，净宽1.5 m，底板顶高程为994.00 m。补水渠为箱形结构，净宽1.0 m，底板顶高程为994.00 m。集鱼补水渠总宽3.4 m，长164 m，左、中、右侧墙均宽0.3 m，底板厚0.4 m。集鱼补水渠典型剖面如图5.5.9所示。

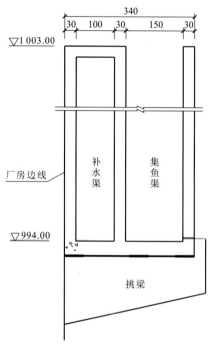

图5.5.9 金沙水电站鱼道集鱼补水渠典型剖面图（尺寸单位：cm；高程单位：m）

集鱼渠下游侧墙上设置有3条竖缝式进鱼口，竖缝尺寸0.6 m×10 m（宽×高），在补水渠与集鱼渠之间的侧墙上对应竖缝式进鱼口布置了3组补水孔，孔口总面积为8.1 m²。

5．鱼道附属设施

1）补水系统

金沙水电站鱼道推荐方案的补水系统，由两根相互独立的补水管组成，每根补水管由引水管、工作阀门、检修阀门和补水渠等构成。补水系统通过内径$\Phi 700$ mm引水管从上游向下游引水，由工作阀门的开度控制流量。一支补水管与集鱼系统的补水渠相连接，补水管的水流通过厂房集鱼渠中间隔墙上的补水消能孔进入集鱼渠，另一支补水管进入1#、2#进鱼口之间。金沙水电站鱼道补水系统如图5.5.10所示。

2）观测室

鱼道在靠近坝轴线位置设观测室，观测室内布置有观察窗、过鱼计数器等设备。

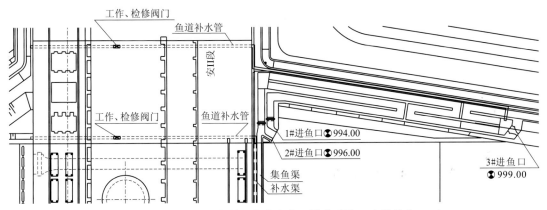

图 5.5.10　金沙水电站鱼道（推荐方案）补水系统（高程单位：m）

观测窗布置在观测室靠鱼道侧，窗口与鱼道侧槽壁齐平，底部与鱼道过鱼池底高程相同，顶部高程与鱼道水面齐平。在观测室附近设置水下视频或红外扫描系统等设备配合视频分析软件对鱼类进行计数和统计。

红外扫描系统由红外扫描单元、摄像通道（含补偿光源和数码相机）、实时数据获取和显示系统（含电脑和分析软件），以及数据复用设备（含电缆）组成，设备框图及部位图见图 5.5.11～图 5.5.15。

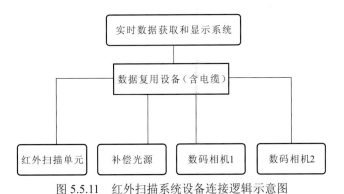

图 5.5.11　红外扫描系统设备连接逻辑示意图

图 5.5.12　红外扫描单元　　　　　图 5.5.13　摄像通道

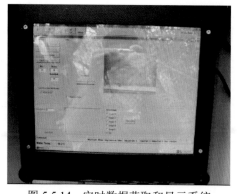
图 5.5.14 实时数据获取和显示系统

图 5.5.15 数据复用设备（含电缆）

红外扫描单元和摄像通道集成安装在鱼道中，通过电缆引出到电脑上，电脑放置灵活。采用红外扫描系统，能实时监测到鱼道内的过鱼情况并在电脑屏幕上显示；自动记录过鱼的数量、大小、游泳速度及水温；可以显示不同时间段通过鱼道的鱼的数量变化；可对存储资料进行智能检索回放。

3）拦鱼电栅

拦鱼电栅为悬挂式结构，由主索、吊索、水平索、电极（包括附件）及支柱、锚墩等组成，是国内目前用得比较多的拦鱼辅助措施。其原理是利用电极形成电场，使鱼类感电后发生防御性反应而改变游向，避开电场达到拦鱼目的，将鱼群驱赶或引导至安全水域。鱼类在距离电场 3～5 m 以外有刺激的感觉而产生回避反应，因此鱼类不会受到任何伤害。

在金沙水电站影响区域可能分布的鱼类中，底栖和中下层鱼类占 77.2%，中上层鱼类占 13.4%，浅水区域鱼类占 9.4%。

拦鱼电栅对浅水区域鱼类效果较好，对底栖和中下层鱼类效果相对较差；金沙水电站鱼道靠电站厂房设置，厂房下游水深较大，影响拦鱼电栅的拦鱼效果。因此，不推荐采用拦鱼电栅。

4）下行过鱼设施

沟通鱼类的洄游路线，既需要考虑和解决溯河洄游鱼类的上行过坝问题，也需要考虑和解决降河洄游鱼类的下行过坝问题，使鱼能上能下，以适应它们的移游生活，以及繁殖和肥育的需要。

鱼道设计中，通过研究鱼类习性，将鱼道下游进口布置在鱼类洄游集群的位置；通过枢纽布置，将进口设置在经常有水流下泄、有适宜的环境流场并尽可能靠近鱼类能上溯到达的最前沿处；通过补水系统，在进口区域营造区别于环境流场的吸引水流，诱导鱼群进入鱼道。

降河洄游鱼类的下行过坝问题近年才被提出并引起重视，我国的过鱼设施设计规范及鱼道设计导则对鱼类下行问题基本没有涉及，国内相关研究成果也较少，只有部分科研院所对此做了一些研究。

2008 年，中国长江三峡集团有限公司中华鲟研究所和水利部中国科学院水工程生态研究所在葛洲坝 21#机组进行了实地测试，采用鳙作为试验对象进行实地测试，结果表明，体长 200～300 mm 的个体通过葛洲坝 21#机组成活率和 24 h 存活率均为 100%；体长 300～500 mm 的鳙鱼个体通过机组的成活率为 92.9%，24h 存活率为 92.3%。说明通过径流式电站水轮机组下行的鱼类个体能够保持较高比例的存活率。

水利部中国科学院水工程生态研究所还统计了 1997 年至 2006 年宜昌江段圆口铜鱼资源变动情况，研究结果表明：葛洲坝水利枢纽运行期间，有大量圆口铜鱼个体下行过坝。因此推断，早期生活史阶段的鱼类可以下行通过类似葛洲坝工程的低水头径流式工程并维持一定的资源数量。

降河洄游的下行鱼类中，一般新生幼鱼群体的数量较多、个体较小。金沙水电站水头较低，各方面条件和葛洲坝水利枢纽工程类似，金沙江江段下行鱼类可利用水轮机管路以及泄水建筑物等连通水道下行并保持较高的存活率。

由于降河洄游过鱼设施的困难性和复杂性，国内外迄今尚未找到令人满意的解决方法，需要在今后的工作中逐步深入研究。

6. 鱼道稳定计算

1）计算内容及依据

鱼道横断面为整体"U"形结构，所受水平力互相抵消，不存在滑动问题及倾覆问题；鱼道纵向底坡较缓，鱼道结构分块沿纵向的底高程相差较小，结构分块处于自锁状态，不存在滑动问题及倾覆问题。综合以上分析，鱼道结构计算的主要内容为抗浮稳定计算。鱼道稳定计算的主要依据如下：①《水工建筑物荷载设计规范》（DL 5077—1997）；②《水闸设计规范》（NB/T 35023—2014）；③有关国家及行业的现行技术规范规程。

2）计算工况及荷载组合

鱼道为整体"U"形结构，净宽 3.0 m，侧墙宽 1.0 m，底板宽 2.0 m。控制工况及荷载组合见表 5.5.4。

表 5.5.4　荷载组合表

荷载组合	计算工况	荷载				
		自重	土压力	水重	静水压力	扬压力
基本组合	完建工况	√	√			
	运行工况	√	√	√	√	√
特殊组合	检修工况	√	√	√	√	√

运行工况：上游水位 1 022.0 m，下游水位 995.5 m；

完建工况：鱼道内无水。

检修工况：外水水位 1 022.0 m，鱼道内无水。

抗浮稳定计算公式为

$$K_f = \frac{\sum V}{\sum U} \tag{5.5.6}$$

式中：K_f 为闸室抗浮稳定安全系数；$\sum V$ 为作用在闸室上全部向下的铅直力之和，kN；$\sum U$ 为作用在闸室基底面上的扬压力，kN。

3）计算结果

根据上述荷载组合，对鱼道进行稳定计算。基底荷载为地基上部混凝土结构及池内水体的自重减去结构所受的浮力，基底应力为基底荷载与基底面积之比。鱼道稳定计算结果见表 5.5.5。

表 5.5.5　过鱼池计算成果表

部位	工况	基底应力/kPa	抗浮稳定系数
	运行工况	117.9	3.14
鱼 1	完建工况	151.9	—
	检修工况	96.9	2.76
	运行工况	39.2	1.30
鱼 2	完建工况	225.4	—
	检修工况	35.4	1.19

经计算，鱼道的最大基底应力为 225.4 kPa，小于地基承载能力标准值，无须进行地基处理；结构抗浮稳定系数大于 1.10，鱼道不存在抗浮稳定问题。

7. 鱼道边坡稳定性分析

1）边坡安全系数

金沙水电站鱼道布置在电站厂房左岸边坡上，根据《水电水利工程边坡设计规范》（DL/T 5353—2006）规定，电站厂房左岸边坡为影响 2 级水工建筑物安全的边坡，属于 A 类 II 级边坡。按规范规定的安全系数中值确定金沙水电站的边坡安全标准见表 5.5.6。

表 5.5.6　工程边坡抗滑稳定安全系数

边坡类别和级别	持久状况	短暂状况	偶然状况
A 类 II 级（枢纽工程区边坡）	1.2	1.1	1.05

2）边坡稳定分析

（1）有限差分法。根据左岸边坡的工程地质条件，选取典型断面建立二维数值分析模型，采用 FLAC 程序，基于弹塑性有限差分法计算边坡在天然、开挖、蓄水、水位骤降等静力工况和地震工况下的变形、应力状态和塑性区分布，采用强度折减法求解边坡在各种工况下的安全系数，同时采用摩根斯坦–普拉斯法计算各边坡的安全系数，综合两种方法的计算成果对左岸边坡的整体稳定性进行评价。

在计算中，仅考虑边坡自重作用，暂不考虑构造应力。边坡表面自由，其余各边界面，除底部为固定约束外，其他 4 面均为法向约束。左岸厂房边坡涉及的岩层主要为正长岩，本计算模型中（图 5.5.16），各岩土体均采用以 Mohr-Coulomb 屈服准则为函数的理想弹塑性模型。

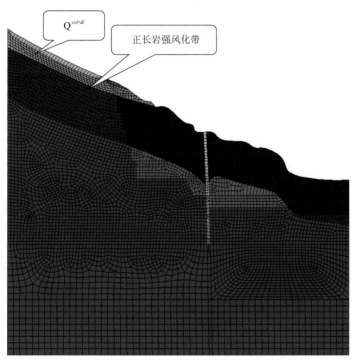

图 5.5.16　电站厂房左岸边坡计算模型

Q^{col+dl} 为第四系崩坡积物

静力工况边坡稳定分析。天然状态下，坡体内的应力分布总体上符合自重作用下自然边坡应力场分布的一般规律，即在坡面附近，应力矢量方面发生偏转，最大主应力方向基本平行于坡面，最小主应力趋近于零。自然边坡整体上处于压应力状态，最大主压应力超过 6.4 MPa。自然边坡的塑性区主要分布在边坡正长岩强卸荷带、堆积体及断层 F9 内，基本上以剪切破坏为主，浅表部堆积体存在拉剪破坏区。

开挖工况，边坡开挖引起的卸荷回弹基本为斜向上朝向坡外。最大位移增量为 9.2 mm，发生在高程 974.8 m 平台 F9 断层出露处。沿高程方向向上边坡卸荷回弹位移逐渐减小。坡顶强风化带及堆积体内产生较大顺坡向变形，最大值为 7.4 mm。

开挖边坡总体上处于压应力状态，基本上没有拉应力区。开挖基本都在微新及弱风化的正长岩中进行，这两层岩体力学强度较高。因此，开挖后的边坡新增塑性区仅出现在开挖坡面直立台阶部位，塑性区深度不超过 4 m，且均为剪切破坏。

在正常蓄水位 1 022.0 m 时，由于边坡岩体坚硬，完整性相对较好，蓄水区域主要集中在微新及弱风化岩体内，蓄水作用对边坡影响有限，相应的位移量值在 1 mm 左右，总体上岩体变形、应力和塑性区变化不大。

降水对边坡变形的影响主要集中在边坡中上部强风化带及堆积体内,量值不超过 2 mm。由于降水入渗的影响区域主要集中在坡面浅层岩土体内,所以对整个边坡的应力及塑性区分布影响不大。

地震工况边坡稳定分析。对于地震作用,考虑了地震水平加速度 $a=120$ cm/s^2,采用拟静力法进行分析,地震力作用的方向均为水平且指向边坡临空方向。图 5.5.17 所示为开挖边坡在地震作用下的位移增量变形。在水平向荷载的作用下,边坡整体变形以朝向河谷方向的水平位移为主;边坡的最大位移出现在边坡上部堆积体处,量值不超过 0.4 mm。应力场的分布与开挖边坡相比较,无大的变化,基本上没有拉应力区。塑性区的分布与开挖边坡相比较,无明显变化,基本上没有新增塑性区。

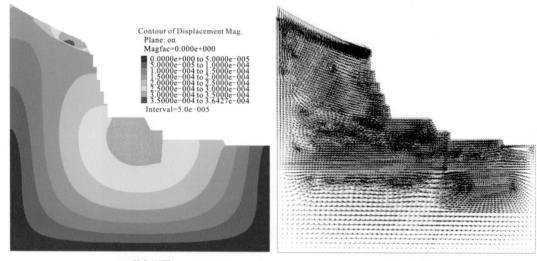

(a) 等色区图   (b) 矢量图

图 5.5.17　左岸边坡在地震作用下的位移增量($a=120$ cm/s^2)

边坡安全系数。采用强度折减系数分析边坡的稳定性,得到了左岸厂房进入临界状态下的失稳路径和强度储备安全系数(图 5.5.18)。边坡失稳时,将沿着正长岩层的强风化区与弱风化区分界面滑动,其下部剪出口大致在高程 1 065 m(图 5.5.19)。

图 5.5.18　边坡临界失稳状态时的滑移路径

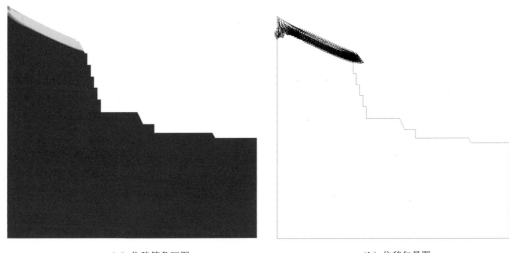

（a）位移等色区图　　　　　　　　　　　　（b）位移矢量图

图 5.5.19　左岸厂房边坡临界失稳状态下的变形特征（$a=120\ \mathrm{cm/s^2}$）

图 5.5.20 所示为开挖工况下边坡特征点（位于剪出口上方）位移随强度折减系数的变化曲线图，当强度折减系数超过 2.16 时边坡剪出口上方特征点位移曲线产生突变，同时边坡剪应变率集中带明显贯通，形成滑坡路径，剪切带上部岩体有整体失稳的趋势，综合判断开挖工况下边坡的安全系数可取为 2.16。同样，正常蓄水、降水及地震工况下边坡的安全系数分别为 2.16、1.85、1.96。

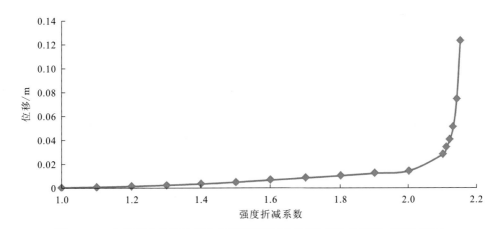

图 5.5.20　左岸厂房边坡特征点位移随强度折减系数变化曲线图（开挖工况）

（2）刚体极限平衡法。从前述地质条件可见，厂房左岸开挖边坡整体稳定性较好，只是存在结构面组合的随机不利块体，影响边坡的局部稳定性。因中倾角裂隙不甚发育，与其他结构组合的块体较少，而且中倾角裂隙作为滑面其倾角较陡，组合的块体规模一般较小，施工中采取锚固进行处理即可。缓倾角风化夹层易与其他结构面组合形成规模较大的块体，对边坡稳定不利，为此对其稳定性进行计算与分析。

计算采用二维块体概化模式，从地质条件看，SN 向陡倾角裂隙与之组合形成棱体的模式（图 5.5.21）较为典型，缓倾角风化夹层滑面长度按地质调查最大值即 18 m 计，分别对块体 ABC、A′B′C′进行稳定性计算。其中 SN 向陡倾角裂隙抗剪强度取值 f' = 0.7、c' = 0.2 MPa，缓倾角风化夹层抗剪强度取值 f' = 0.55、c' = 0.08 MPa，分别按连通率 40%、50%、60%进行稳定性计算分析。

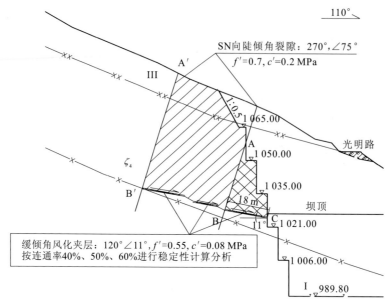

图 5.5.21　缓倾角风化夹层与 SN 向结构面组合块体模式图（高程单位：m）

计算分析结果见表 5.5.7。可以看出，块体 ABC 的安全系数为 3.80，考虑地震作用时，该块体的稳定系数降低为 3.27，稳定性较好。块体 A′B′C′稳定性较强的夹层连通率为 40%时，块体的安全系数为 8.34，由于该块体基本位于坝顶高程之上，库水位变化对整个块体的稳定性没有影响；考虑地震作用时，该块体的稳定系数降低为 7.20。当夹层连通率提高时，块体的稳定系数则随之降低，在各工况下、考虑不同连通率时块体的稳定系数一般在 5.74～8.34，可见该块体的安全裕度较大，稳定性较好。

表 5.5.7　左岸边坡稳定计算成果汇总表

设计工况及作用组合		稳定安全系数					允许最小稳定安全系数
		刚体极限平衡法				有限差分法	
		块体 ABC	块体 A′B′C′				
		100%	40%	50%	60%		
持久工况	正常蓄水位	3.80	8.34	7.49	6.65	2.16	1.2
短暂工况	开挖	3.80	8.34	7.49	6.65	2.16	1.1
	正常蓄水+降水	3.46	8.10	7.21	6.43	1.85	
偶然工况	正常蓄水+地震	3.27	7.20	6.47	5.74	1.96	1.05

3）边坡开挖支护设计

左岸开挖边坡大致可分为两级边坡：下级边坡从最低建基面 954.5 m 起坡，至 974.8 m 高程，采用直立边坡，坡顶留有 3.00～4.85 m 宽的马道；974.8 m 至安装场建基面 989.8 m，边坡坡比 1：0.5，马道宽 3 m，在 989.8 m 高程为一宽约 46 m 的宽平台，上级边坡从 989.8 m 起坡，边坡采用直立边坡，坡高 14～16 m，顶设 4.5 m 宽马道。1 065.0 m 高程以上按单级坡高 15.0 m、坡比 1：0.5，每单级坡顶设 3.0 m 宽马道的形式至开口线。

对边坡主要采用系统锚杆及挂网喷混凝土支护措施，锚杆间、排距为 2.5 m×2.5 m，$L=6$ m，钢筋为 $Φ$ 钢筋，喷混凝土厚 10 cm，挂网钢筋 $Φ$ 挂网 20 cm 筋 20 cm，每级坡坡顶采用长 9 m、$Φ$ m 级锚杆进行锁口，坡面按梅花形布置排水孔，间排距 5.0 m 行 5.0 m，深 6 m，孔径 $Φ$56 mm。根据有限元计算结果，在最上一级边坡及坡表直立边坡出现塑性区的范围内布置系统锚索，由于边坡较陡，考虑边坡开挖回弹，防止卸荷裂隙出现，在每级边坡顶部布置锚索，锚索形式均采用 2 000 kN 级、$L=30$ m 的预应力锚索。

4）小结

本节对边坡在天然状态、开挖工况、地震工况下的稳定性进行了计算分析，获得了边坡在各种情况下的变形场、应力场及塑性区分布。从计算结果可以看出，边坡开挖引起的最大位移约 9.2 mm，发生在高程 974.8 m 平台 F9 断层出露处；坡顶强风化带及堆积体内产生较大顺坡向变形，最大值为 7.4 mm。在各种工况下，边坡整体上处于压应力状态，除强风化岩体外，开挖临空面附近岩体塑性区范围较小，在系统锚杆支护的有效范围内。通过强度折减计算分析，并结合极限平衡方法得到边坡各种工况下的安全系数在 3.80～2.16，均满足规范要求。

可见左岸边坡岩体力学强度较高，在各工况下的变形较小，边坡的安全裕度较大，整体稳定性较好。但施工期需重点关注上部强风化带岩体的稳定，以及倾坡外中倾角结构面形成的随机不利块体，并加强支护。

鱼道基底应力较小，最大不超过 225.4 kPa，小于地基承载力。左岸边坡在极限状态下潜在失稳区域的前缘剪出口基本上都在高程 1 060 m 之上，潜在失稳区域基本上位于强弱卸荷带内，安全裕度较大。增设鱼道后，由其引起的局部变动基本上不影响边坡稳定性的结果。

5.6 金属结构及机电设计

5.6.1 金属结构

金沙水电站鱼道布置在电站厂房以左的左岸边坡上，设有 3 个不同高程进口及 2 个出口。

3 个鱼道进口处各布置 1 道进口检修门槽，分别设置 1 扇进口检修闸门。1#孔口尺寸

3.0 m×4.0 m（宽×高，下同），底坎高程为 994.00 m，设计水头 8.2 m；2#孔口尺寸 3.0 m×4.0 m，底坎高程为 996.0 m，设计水头 6.2 m、3#孔口尺寸 3.0 m×4.0 m，底坎高程为 999.0 m，设计水头 3.2 m。闸门结构形式为平面滑动门，正反向支承采用滑块，单吊点，面板及止水布置在上游面。闸门平时吊于孔口上方。操作方式为动水启闭，由设于闸顶的固定卷扬机操作。

鱼道 2 个出口处各布置 1 道出口工作门槽，设置 1 扇出口工作闸门。1#孔口尺寸 3.0 m×4.5 m，底坎高程为 1 018.00 m，设计水头 4.0 m、2#孔口尺寸 3.0 m×2.5 m，底坎高程为 1 020.00 m，设计水头 2.0 m。闸门结构形式为平面滑动门，正反向支承采用滑块，单吊点，面板及止水布置在下游面。闸门平时吊于孔口上方。操作方式为动水启闭，由设于闸顶的固定卷扬机操作。

鱼道中部布置 1 道防洪挡水门槽，设置 1 扇防洪挡水闸门。孔口尺寸 3.0 m×4.0 m，底坎高程均为 1 008.05 m，设计水头 16.95 m。闸门结构形式为平面滑动门，正反向支承采用滑块，单吊点，面板布置在上游侧，止水布置在下游面。闸门平时吊于孔口上方。操作方式为动水启闭，由设于闸顶的固定卷扬机操作。

另设有直径为 700 mm 的补水管 2 根，长度分别为 240 m 和 115 m，采用材料为 Q345B 的钢管，设计水头为 26.5 m。在钢管中部各布置一个工作阀门。

金沙水电站鱼道金属结构主要技术参数及工程量见表 5.6.1。

5.6.2　机电设计

1. 控制设备

1）鱼道进出口闸门控制设备

鱼道设有 2 个出口工作闸门和 3 个进口检修闸门，出口工作闸门位于鱼道上游端，3 个不同高程进口检修闸门分别位于鱼道下游端和电站尾水处。在鱼道中部设有 1 扇防洪挡水闸门。出口工作闸门、进口检修闸门、防洪挡水闸门均由固定卷扬启闭机操作。

每扇闸门设置 1 套控制设备，控制设备布置在相应启闭机房内，出口工作闸门、防洪挡水闸门控制系统通过电缆接入电站计算机监控系统，由电站计算机监控系统实现对出口工作闸门、防洪挡水闸门的远程监控。

2）补水阀门现地控制设备

补水系统设有 2 根引水管，每根引水管上布置 1 个工作阀门。每个工作阀门配置 1 套控制设备，控制设备布置在相应阀门室内，各阀门控制系统以通信方式接入电站计算机监控系统，由电站计算机监控系统实现对补水阀门的远程监控。

3）鱼道观测室设备

在鱼道观测室设置 1 套过鱼计数器或红外扫描系统，以监测鱼道过鱼数量。

表 5.6.1　金沙水电站鱼道金属结构主要技术参数及工程量

序号	项目	闸门								启闭机							备注
		闸门形式 宽×高－水头/m	门体			埋件			形式	容量 /kN	机械			埋件		
			数量	单重/t	总重/t	数量	单重/t	总重/t			台数	单重/t	总重/t	单重/t	总重/t	
1	1#进口检修闸门	3×4.6－9.0	1	4.5	4.5	1	6	6.0	固定卷扬机	160	1	8.0	8.0	0.2	0.2	
2	2#进口检修闸门	3×4.6－7.0	1	4.5	4.5	1	5	5.0	固定卷扬机	160	1	8.0	8.0	0.2	0.2	
3	3#进口检修闸门	3×4.5－4.0	1	4.0	4.0	1	3.2	3.2	固定卷扬机	160	1	8.0	8.0	0.2	0.2	
4	防洪挡水闸门	3×4.1－17.25	1	4.5	4.5	1	11.5	11.5	固定卷扬机	630	1	15.5	15.5	0.2	0.2	
5	1#出口工作闸门	3×4.5－4.5	1	4.0	4.0	1	3.2	3.2	固定卷扬机	160	1	8.0	8.0	0.2	0.2	
6	2#出口工作闸门	3×2.5－2.5	1	2.7	2.7	1	2.1	2.1	固定卷扬机	63	1	2.0	2.0	0.1	0.1	
7	补水钢管 Φ700 mm $L=355$ m		2		150											
8	阀门		2		2											
	小计				176.2			31.0					48.5		1.1	

结合枢纽工程工业电视系统，在鱼道进出口闸门、鱼道观测室设置摄像机，鱼道内设置 1 套水下摄像机，通过多路视频光端机接入布置在电站中控室的视频服务器。在鱼道观测室设置 1 套工业电视监视终端，对鱼道过鱼情况进行监视。

4）控制设备清单

控制设备清单见表 5.6.2。

表 5.6.2 控制设备清单

编号	项目名称	单位	数量
1	鱼道闸门控制设备	套	6
2	鱼道阀门控制设备	套	2
3	鱼道观测设备		
3.1	鱼道可视计数器或红外扫描系统	套	1
3.2	鱼道工业电视设备	套	1

2. 补水控制阀

金沙水电站补水系统设 2 路补水管，每路 DN700 进水钢管上设置 1 个流量调节阀。流量调节阀按如下要求运行。

（1）鱼道 4～9 月运行。上游运行水位为 1 020.0～1 022.0 m，下游运行水位为 995.15～1 003.43 m。补水系统运行水位和时间同鱼道。

（2）补水流量与下游水位相关，下游水位越低，补水量越小，反之则越大。补水阀设计补水流量为 2～4 m^3/s。

根据上述要求，考虑过流能力和阀门工作的可靠性及调节的有效性和稳定性，选择 DN700 电液调节活塞式调流阀，补水流量 2～4 m^3/s，过阀流速约为 1.7～3.5 m/s，过阀水力损失约为 0.23～1.0 m 水柱。

3. 鱼道供电

金沙水电站鱼道设置在靠左岸岸边且邻近电站厂房，鱼道闸门用电将就近从电站厂房引接电站厂房用电电源，供给鱼道的各个工作闸门、检修门及防洪挡水门的启闭机、鱼道观察室及照明等。鱼道 6 个闸门的卷扬启闭机中，防洪挡水门的 630 kN 固定卷扬式启闭机用电负荷最大，且离厂房最近，可采用 0.4 kV 电压供电，其他 100～200 kN 闸门虽离厂房较远，但用电负荷较小，0.4 kV 电压供电能满足供电质量要求，故鱼道闸门用电将直接从电站厂房用电 0.4 kV 母线上取电源，不再另设升、降压变压器。

鱼道供电由电站厂房内供电变压器供电，相关供电设备纳入电站厂房供电范围内。除此以外，其他相关的配电、照明及接地设备材料主要工程量见表 5.6.3。

表 5.6.3　鱼道机电设备工程量

编号	项目名称	单位	估算数量
一	配电设备		
1	动力分电箱	套	6
2	电缆、电线	项	1
3	电气埋件、埋管	项	1
二	照明器具	项	1
三	接地材料	吨	7.5

4. 鱼道消防设计

在金沙水电站鱼道 6 个启闭机房内各设 2 个手提式干粉灭火器，以备灭火之用，6 个启闭机房均采用丙级防火门，进出电缆孔洞均进行防火封堵，消防设备如表 5.6.4 所示。

表 5.6.4　鱼道消防设备

编号	项目名称	单位	估算数量
1	防火门	套	6
2	干粉灭火器	个	12

5.7　运行管理及监测

5.7.1　鱼道的管理与维护

（1）鱼道运行时间为每年的 3～6 月。上游运行水位为 1 020.0～1 022.0 m，下游运行水位为 995.5～1 002.2 m。鱼道设计最大流速为 1.1 m/s，设计最大流量约为 2.3 m³/s。

（2）配备专业管理人员并制定相应的规章制度，做好鱼道的管理维护工作及常年观察、记录工作，确保过鱼设施不因管理不善或后期维护不够而导致废弃停用：①严禁在鱼道内捕鱼，倾倒废弃物及污水；②要经常检查各闸阀及启闭机，保证可以随时启闭；③经常清除通道内的漂浮物，防止堵塞；④定期清除通道内的泥沙淤积或软体动物的贝壳，保证通道内部畅通。

（3）建立鱼类及时救护机制。对通道内受伤鱼类及时进行捕捞、暂养或放流。

（4）鱼道最大运行水头 26.5 m，过鱼池最深处超过 3.5 m，操作时应注意安全，防止人员跌入过鱼池内。

5.7.2　鱼道的运行方式

金沙水电站鱼道采用多进鱼口、多出鱼口且进鱼口增设补水系统的布置形式，在运行过程中一般只取用 1 个进鱼口和 1 个出鱼口，其他进出鱼口停用。鱼道补水系统具有补充鱼道流量和在进鱼口产生诱鱼水流的作用。当进鱼口水深较浅时，采用小流量补水，其主要目的是产生诱鱼水流；当进鱼口水深较深时，需增大补水流量，确保鱼道流速满足鱼道设计流速要求。

鱼道的进鱼口及出鱼口的选用需根据上下游水情决定。

（1）当进鱼口水深高于池室允许最小水深，则进鱼口在备选之列，其中一般选用水深最小的进鱼口。

（2）当出鱼口水深高于池室允许最小水深，则出鱼口在备选之列，其中一般选用水深最小的进鱼口，可以选用水深与进鱼口水深接近的出鱼口（水深不宜过大）。

（3）出鱼口水深宜小于或略大于进鱼口水深，但是不宜远超过进鱼口水深。

5.7.3　鱼道的运行监测及效果评价

1. 运行监测

过鱼设施的运行监测是通过进行鱼类观测和过鱼目标分析，保证鱼道有效运行的重要手段。因此，需对枢纽建成前后鱼类的洄游规律、生活习性及鱼道水力学特征参数等进行监测，为鱼道的有效运行提供参考依据。鱼道的监测主要包括水力学监测及鱼类生活习性监测。

（1）观测下游河道内鱼类种类组成、规格、数量、鱼类洄游路线、聚集情况及鱼类资源空间分布等。

（2）在各种运行条件下，对鱼道进口部位的流速、流态及进口附近区域的环境流场进行监测，确定鱼道进口的位置、数量是否适宜，鱼类能否聚集在进口附近；观测分析最有利的进鱼条件。

（3）对集鱼渠和电站尾水下游的流速流态，以及下游水位波动等进行观测，观测下游水位波动对鱼道进口水流条件和鱼类寻找进口的影响；观测集鱼渠的集鱼效果。

（4）观察进入鱼道的鱼类种类组成、数量、规格、发育状况，以及生活习性等；记录进鱼量最大的时间和过鱼季节。

（5）在各种运行条件下对鱼道池室内部的流速、流态等进行监测，确定池室内流场分布情况；观察鱼类的上溯路线，以及通过隔板和休息池的情况；观测鱼类的上溯速率和局部水流现象对鱼类上溯的影响。

（6）在各种运行条件下，对鱼道出口部位的流速流态进行观测，观测上游水位变化对鱼道出口水流条件、进水量和鱼类进入水库的影响。

（7）鱼类进入上游后，观察鱼类的上溯途径、上溯速率、生理状况和繁殖条件。

2. 效果评价

过鱼效果评价一般包括上行过鱼效果评估与下行过鱼效果评估。由于金沙水电站水头较低，金沙江江段下行鱼类可利用水轮机管路，以及泄水建筑物等连通水道下行并保持较高的存活率。因此，金沙水电站对鱼类的阻隔影响主要是对鱼类溯流上行的影响。

鱼道的过鱼效果与鱼类的洄游习性，以及鱼道的水力学条件密切相关。鱼道进出口位置位于洄游鱼类的洄游路线上，并有适宜的流场及明显的水流供鱼类发觉、进入和通过鱼道。

鱼道的过鱼效果主要包含：鱼道进口效果评价；鱼道池室的有效性和效率及鱼道出口效果评价等。效果评价需结合监测成果进行评估。

考虑到鱼道监测的特殊性，需由业主、设计单位、科研单位，以及鱼类研究单位联合，制订监测计划，对金沙鱼道进行长期的不间断监测。在收集和分析监测数据的基础上，了解和掌握金沙鱼道过鱼规律和通道的水力学参数，确保过鱼设施持续有效工作，为过鱼设施的有效运行提供依据。

第 **6** 章

水 力 学

6.1 试验条件

6.1.1 运行水位

根据鱼道运用季节，鱼道运行水位初步设定为以下三个条件。

（1）上游最高运行水位 1 022.00 m，最低运行水位 1 020.00 m。

（2）下游最高运行水位 1 003.43 m，最低运行水位为 995.15 m。

（3）最大、最小工作水头分别为 26.85 m 和 16.57 m。

通过对攀枝花段关键过鱼对象生态习性做进一步分析及专题咨询，鱼道运行时间及水位有所调整。调整后鱼道上游的运行水位不变，下游设计最高运行水位为 1 002.20 m，最低运行水位为 995.50 m。由于调整后的水位差变小，涵盖在前述水位组合内，模型试验下游水位仍按第（2）条控制。

6.1.2 池室及竖缝宽度

隔板形式采用竖缝式，模型试验比较了 0.6 m 和 0.4 m 两种竖缝宽度。从试验结果看，竖缝宽度对池室流速流态影响不大，主要影响鱼道池室通过流量。根据对过鱼对象的生态习性研究成果及专家咨询意见，鱼道竖缝宽度采用 0.4 m，本章未做说明的均为竖缝宽度 0.4 m 的模型试验成果。水工物理模型鱼道池室平面布置见图 6.1.1。

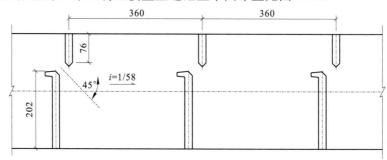

图 6.1.1 竖缝宽度为 0.4 m 池室平面布置图（尺寸单位：cm）

i 代表鱼道坡度

6.2 1∶10 鱼道局部物理模型试验

鱼道局部物理模型为正态模型，比尺 1∶10，按重力相似准则设计，相应的其他比尺分别为。

长度比尺：$\lambda_L = 10$

流量比尺：$\lambda_Q = \lambda_L^{2.5} = 316.2$

流速比尺：$\lambda_V = \lambda_L^{0.5} = 3.16$

时间比尺：$\lambda_T = \lambda_L^{0.5} = 3.16$

模型模拟了 90 个过鱼池、8 个休息室、鱼道进口、鱼道出口、过渡段（总长度约 400 m），还模拟了下游部分地形（图 6.2.1）。其中鱼道池室，以及隔板采用有机玻璃进行制作，闸室上游量水堰及水库采用砖混凝土进行制作，下游部分地形利用水泥砂浆进行制作。

鱼道下泄流量采用三角堰计量设备进行测量，上游水位利用水库加溢水槽进行控制，下游水位利用溢流堰进行控制、利用测针进行观测，池室内水深利用直尺进行测量，流速采用旋桨式流速仪进行测量，流态利用目测及录像的形式加以记录。

图 6.2.1 金沙水电站鱼道模型局部

6.2.1 研究内容

试验研究的主要内容包括以下 4 个方面。

（1）不同水位条件下鱼道的流量。

（2）鱼道池室内流态、流速，不同水位下鱼道水深变化。

（3）鱼道池室宽度等参数的优化，即鱼道宽度增加前后水流条件的改善程度。

（4）通过观测鱼道池室内流态、流场、水深等水力特性，对其运行方式进行分析，提出相关建议。

6.2.2 试验工况

鱼道局部模型的试验工况选取了 9 种水位组合，见表 6.2.1。

表 6.2.1 金沙水电站鱼道（过鱼池宽度 3 m）模型试验工况表

工况	出口水位/m	进口水位/m	鱼道工作水头/m	备注
1		995.50	24.50	鱼道运行最小水深
2	1 020.0	1 003.43	16.57	鱼道下游运行最高水位
3		995.15	24.85	鱼道上、下游运行最低水位
4		995.50	25.50	鱼道设计水深
5	1 021.0	1 003.43	17.57	鱼道下游运行最高水位
6		995.15	25.85	鱼道下游运行最低水位
7		995.50	26.50	鱼道运行最大水深
8	1 022.0	1 003.43	18.27	鱼道上、下游运行最高水位
9		995.15	26.85	鱼道下游运行最低水位

6.2.3 试验结果

1. 流量

鱼道池室通过流量测量结果见表 6.2.2。上游出鱼口水深为 1.5～3.5 m、竖缝宽度分别为 0.4 m 和 0.6 m 时，鱼道下泄流量分别为 0.50～1.19 m³/s 和 0.81～1.85 m³/s。

表 6.2.2 模型试验工况表

工况	出口水深/m	进口水位/m	工作水头/m	流量/（m³/s）		减小/%
				竖缝宽 0.4 m	竖缝宽 0.6 m	
1		995.50	24.50			
2	1.5	1 003.43	16.57	0.50	0.81	38
3		995.15	24.85			
4		995.50	25.50			
5	2.5	1 003.43	17.57	0.83	1.33	38
6		995.15	25.85			
7		995.50	26.50			
8	3.5	1 003.43	18.27	1.19	1.85	38
9		995.15	26.85			

2. 池室流态

池室水流从靠近左侧（较窄隔板侧）进流，并在隔板前水位稍有壅高，然后在竖缝处形成明显的跌落。经竖缝调整后，水流主要顺竖缝向右以 45° 角进入第一级池室，在进入池室后，由于惯性作用，主流并未扩散，继续流向右侧，但主流并未直接冲击右侧侧墙，主流在到达池室中间断面部位时，受下一级竖缝的影响，水流又逐渐流向左侧，所以水流主流在池室内的形态呈 "S" 形。

下游水位抬升后，鱼道池室内水深沿程逐渐增加，主流在池室内的形态仍然呈 "S"

形，但池室内流速逐渐变缓，到达鱼道进口时，水流流速十分缓慢，水流在池室内较为顺直，主流行程缩短。

3. 沿程水深

鱼道出口水深分别为 1.5 m 和 2.5 m、进口水深分别为 9.43 m 和 1.15 m（水位分别为 1 003.43 m 和 995.15 m）时，池室沿程水深变化过程分别如图 6.2.2 及图 6.2.3 所示。

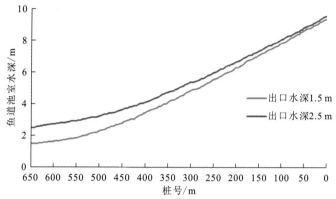

图 6.2.2　下游不同水位时鱼道进口附近池室水深变化曲线

鱼道进口水位 1 003.43 m；进口水深：9.43 m

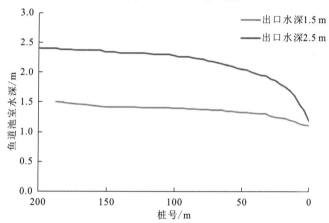

图 6.2.3　下游不同水位时鱼道进口附近池室水深变化曲线

鱼道进口水位 995.15 m；进口水深：1.15 m

试验结果表明，在下游鱼道进口水位为 1 003.43 m，鱼道进口水深为 9.43 m 时，鱼道进口及其相邻上游段 650 m 范围内水深均有所增加，且水深变化主要集中在下游段，越靠近下游，水深变化越大。

在下游水位为鱼道进口最低水位 995.15 m，鱼道进口水深为 1.15 m 时，水深变化主要集中在靠近鱼道进口部位的最下游 20 个池室范围内，且越靠近下游进口，水深曲线的斜率越大，说明池室间水深变化越大。

模型试验选取了不同鱼道出口水深情况下鱼道沿程不同水深的池室和休息室等几个区域的表面流速进行测量，不同水深各池室及休息池内表面流速矢量分布见图 6.2.4～图 6.2.5，表面流速等值线分布分别见图 6.2.6～图 6.2.8。

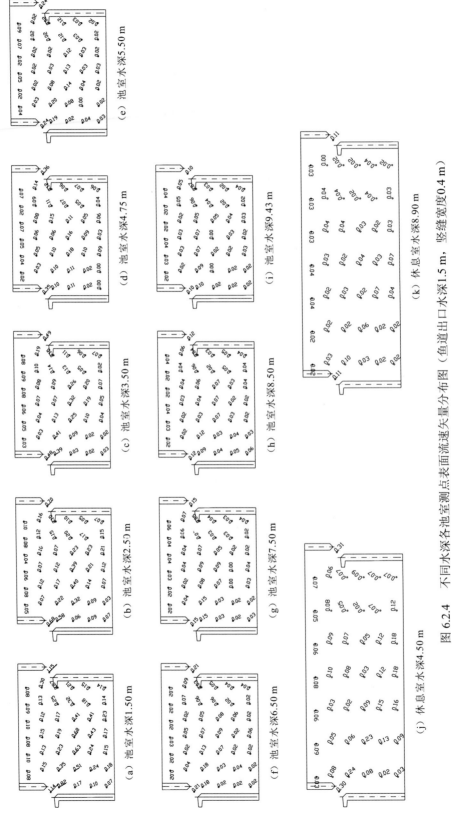

图 6.2.4 不同水深各池室测点表面流速矢量分布图（鱼道出口水深1.5 m，竖缝宽度0.4 m）

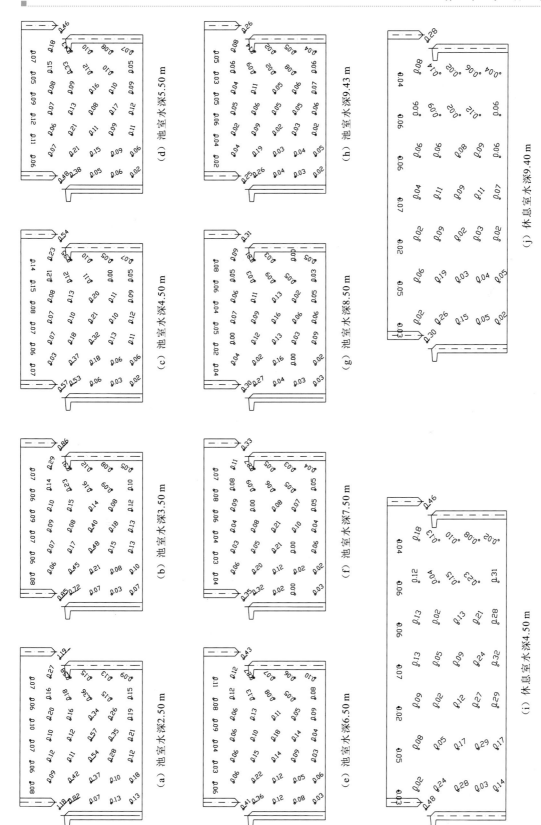

图 6.2.5 不同水深各池室测点表面流速矢量分布图（鱼道出口水深2.5 m，竖缝宽度0.4 m）

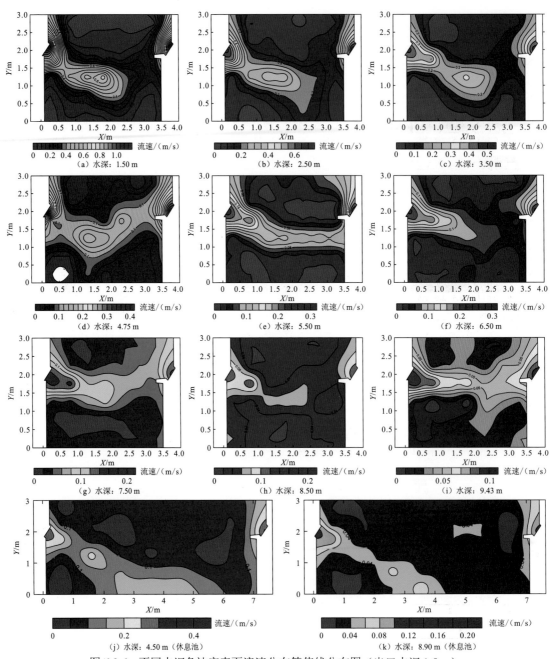

图 6.2.6 不同水深各池室表面流速分布等值线分布图（出口水深 1.5 m）

4. 流速分布

（1）池室及休息池流速。鱼道出口及进口水深均为 1.5 m 或 2.5 m 时，池室竖缝测点流速 1.1～1.2 m/s，池室内主流流速 0.4～0.8 m/s，主流流速变化比较顺畅，两侧边墙及隔板下游附近流速均小于 0.3 m/s，表现为回流或静水状态，且该区域面积均比较大，适合鱼群洄游上溯。

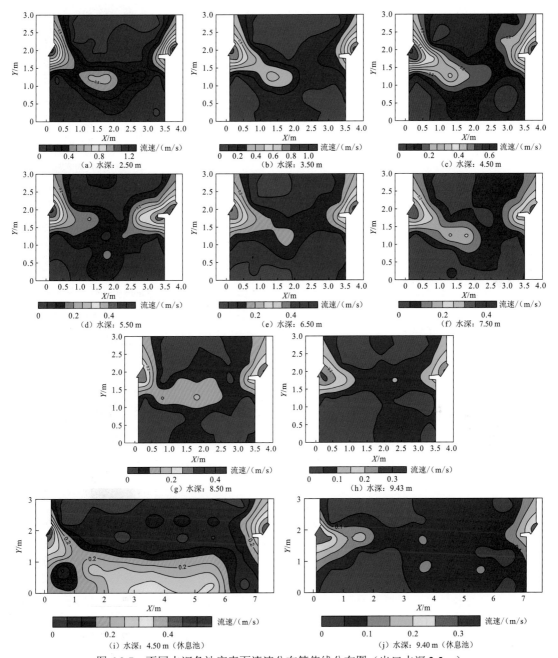

图 6.2.7 不同水深各池室表面流速分布等值线分布图（出口水深 2.5 m）

出口水深小于下游水深时，靠近进口处池室竖缝流速随水深增加而减小。出口水深 1.5 m、池室水深大于 4.5 m 或出口水深 2.5 m、池室水深大于 6.5 m 时，池室内主流流速小于 0.2 m/s，需设补水系统增补流量。

（2）竖缝孔口流速。鱼道出口不同水深工况下，池室不同水深与相应竖缝孔口流速关系见图 6.2.4。从图 6.2.4 可知，鱼道出口水深为 1.5 m、进口池室水深为 9.43 m 时，孔口

流速约为 0.1 m/s，随着水深逐渐减小，孔口流速逐渐增加，至池室水深为 1.2 m 时，孔口

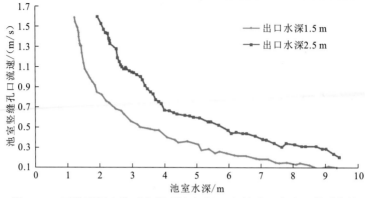

图 6.2.8 下游不同水位时鱼道"池室水深-竖缝孔口流速"关系曲线

流速增加为约 1.6 m/s。鱼道出口水深为 2.5 m、鱼道进口池室水深为 9.43 m 时，孔口流速约为 0.2 m/s，随着水深逐渐减小至池室水深为 1.9 m 时，孔口流速增加至 1.6 m/s 左右。

由于金沙鱼道孔口设计流速为 1.1～1.3 m/s，如定 1.3 m/s 为该鱼道保护鱼类的极限流速，则在鱼道出口水深为 1.5 m 时，则鱼道进口水深不应低于 1.4 m；在鱼道出口水深为 2.5 m 时，则鱼道进口水深不应低于 2.4 m。

6.3 鱼道进口集鱼系统 1∶25 整体物理模型试验

鱼道进口集鱼系统整体物理模型为正态模型，比尺 1∶25，按重力相似准则设计。相应的其他比尺分别为。

长度比尺：$\lambda_L = 25$

流量比尺：$\lambda_Q = \lambda_L^{2.5} = 3\,125$

流速比尺：$\lambda_V = \lambda_L^{0.5} = 5$

时间比尺：$\lambda_T = \lambda_L^{0.5} = 5$

集鱼系统整体模型模拟了原型电站厂房及下游部分河道（原型总长度约 500 m），宽度范围包括从左至右 1#～4#四台机组。模拟的主要建筑物包括四台机组（概化模拟）、布置在电站尾水平台上的鱼道集鱼系统（总长约 164 m）及与之相连接的部分鱼道池室（包括 2 个进鱼口和约 500 m 长的鱼道池室）。模型中集鱼系统和鱼道池室采用有机玻璃制作，闸室上游水库及导墙采用砖混结构进行制作，下游地形采用水泥砂浆进行制作。模型总长度约 25 m、宽度约 8 m。模型布置见图 6.3.1。

电厂下泄流量采用电磁流量计进行测量，补水渠补水流量，以及鱼道下泄流量采用数字式水表进行流量计量，下游水位利用溢流堰进行控制、利用测针进行观测，池室内水深利用测压管进行测量，流速采用旋桨式流速仪进行测量。

图 6.3.1　金沙江金沙水电站鱼道 1∶25 整体模型布置图

厂房集鱼系统整体物理模型主要研究鱼道进口区域和集鱼系统的流速流态，试验研究的主要内容为：集鱼系统补水槽、集鱼槽、电站尾水下游及鱼道进口部位流态、流速分布、水位波动；不同水位条件下补水渠的补水流量；补水槽及集鱼槽内孔口形式布置。

6.3.1　试验工况

试验工况见表 6.3.1。

表 6.3.1　鱼道进口集鱼系统整体模型试验工况表（1∶25 模型）

项目	工况编号				
	1	2	3	4	5
机组发电情况	1#		2#		3#
下泄流量/（m³/s）	439（生态流量）	954（满发）	439（生态流量）	954（满发）	954（满发）

注：机组编号从左至右依次定义为 1#至 4#，下同。

6.3.2　试验结果

1. 电厂尾水下游河道部位

（1）流态。在试验工况 1～工况 5 条件下，电厂尾水管的水流波动均较小，在参与发电的机组下游形成向上翻滚的顺流，流速相对较大，在没参与发电的机组下游则形成回流形态。受左岸岸坡地形影响，下泄水流在桩号 0+200 m 后逐渐转向右侧，并在桩号 0+350 m 断面逐渐归槽向下。

（2）流速分布。为了观测机组尾水管下游河道流速分布，试验中在 4 台机组尾水管下游河道布置了 10 个测流速断面、每个断面布置 8～16 个测点，每个测点沿水深方向测量了 3 个点，试验结果见图 6.3.2～图 6.3.3。

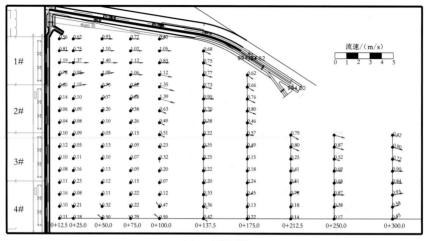

（a）1#机组下泄

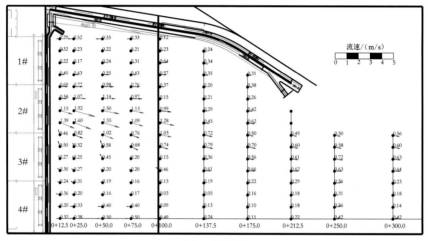

（b）2#机组下泄

图 6.3.2　不同机组下泄生态流量（Q=439 m/s）电厂下游流速（底部）平面分布图

试验工况 1～工况 5 试验结果表明，单台机组下泄生态流量时，在发电机组下游部分范围内水流最大流速小于 1.4 m/s，其他部位则基本表现为回流或流速小于 0.8 m/s 的顺流。单台机组满发时，在发电机组下游部分区域内水流最大流速可达 2.8 m/s（靠近中底部），其他部位则基本表现为回流或流速小于 1.5 m/s 的顺流。

2. 鱼道进口集鱼系统

鱼道进口集鱼系统主要由集鱼渠和进鱼孔组成。集鱼渠和补水渠一起构成集鱼补水渠。集鱼补水渠平行坝轴线，通过挑梁悬挑布置在电站尾水平台上。试验过程中，对集鱼系统的进鱼口孔口布置形式进行了 4 个方案的调整和优化。

方案一中在补水渠与集鱼渠之间的隔板上，以及集鱼渠上布置了大小相间、高程错落布置的方孔（分别用于向集鱼渠内补水和进鱼），孔口主要尺寸有 1.5 m×1.5 m、2.0 m×2.5 m 和 2.0 m×4.0 m 三种，孔口数共 4×19 = 76 个，孔口总面积为 250 m²。补水渠及集鱼渠进鱼口孔口布置见图 6.3.4。

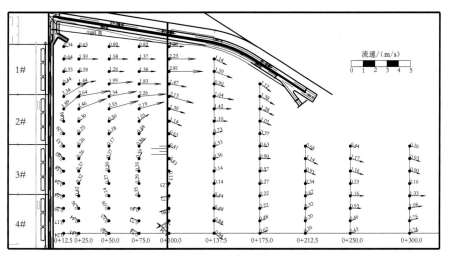

（a）1#机组下泄

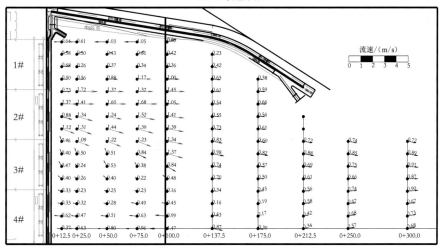

（b）2#机组下泄

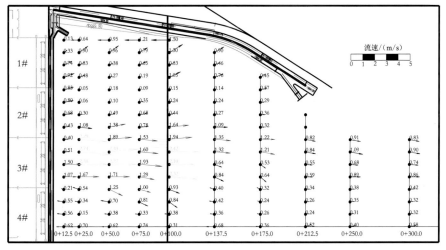

（c）3#机组下泄

图 6.3.3　不同机组下泄满发流量（$Q=954\,\text{m/s}$）电厂下游流速（底部）平面分布图

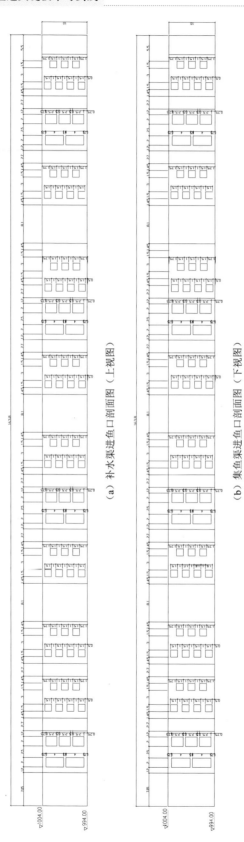

（a）补水渠进鱼口剖面图（上视图）

（b）集鱼渠进鱼口剖面图（下视图）

图 6.3.4　集鱼系统方案一补水渠及集鱼渠孔口布置剖面图（单位：m）

图中模糊部分是具体施工相关参数，涉及保密故进行模糊处理，但不影响对整体布置的理解方案二在补水渠与集鱼渠之间的隔板上布置了大小相同、高程错落布置的圆孔（用于向集鱼渠内补水），孔口直径为 0.5 m，共 50 个，孔口总面积为 9.8 m²。集鱼渠上布置的进鱼口则为 24 个 0.5 m×0.5 m 的方孔，孔口总面积为 6 m²。补水渠及集鱼渠进鱼口孔口布置见图 6.3.5。

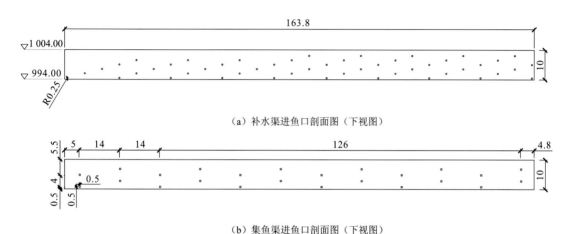

（a）补水渠进鱼口剖面图（下视图）

（b）集鱼渠进鱼口剖面图（下视图）

图 6.3.5　集鱼系统方案二补水渠及集鱼渠孔口布置剖面图（单位：m）

方案三在补水渠与集鱼渠之间的隔板上布置了的补水孔形式同方案二，集鱼渠上布置的进鱼口则改为 5 条从底板贯通至顶部（高度 10 m）、宽 0.6 m（同鱼道池室隔板竖缝宽度）的竖缝，竖缝总面积为 30 m²。补水渠及集鱼渠进鱼口竖缝布置见图 6.3.6。

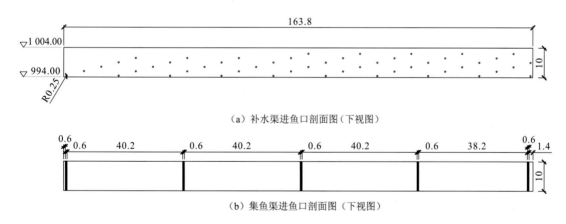

（a）补水渠进鱼口剖面图（下视图）

（b）集鱼渠进鱼口剖面图（下视图）

图 6.3.6　集鱼系统方案三补水渠及集鱼渠孔口布置剖面图（单位：m）

图中阴影部分即为集鱼系统进鱼口

方案四在补水渠与集鱼渠之间的隔板上布置了大小相同、高程错落布置的圆孔（用于向集鱼渠内补水），孔口直径为 0.5 m，共 50 个，孔口总面积为 9.8 m²。集鱼渠上布置 3 条从底板贯通至顶部（高度 10 m）、宽 0.6 m（同鱼道池室隔板竖缝宽度）的竖缝，竖缝总面积为 18 m²。补水渠及集鱼渠进鱼口竖缝布置见图 6.3.7。

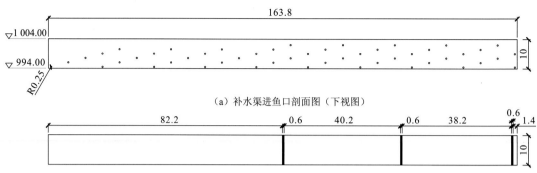

（a）补水渠进鱼口剖面图（下视图）

（b）集鱼渠进鱼口剖面图（下视图）

图 6.3.7　集鱼系统方案四补水渠及集鱼渠孔口布置剖面图（单位：m）

图中阴影部分即为集鱼系统进鱼口

根据试验结果，从集鱼补水渠及下游流速流态及补水流量等方面综合考虑，推荐鱼道进口集鱼系统采用方案四。方案四在下游低水位时，从各竖缝流出的水流形态基本相似，通过调整补水流量，基本能达到诱鱼的水流形态。随着下游水位升高，集鱼渠内水深增加，要维持从集鱼渠竖缝进鱼口流出的水流能在集鱼渠水深最大时集鱼渠附近形成 0.2～0.4 m/s 的诱鱼流速，集鱼系统的补水流量需 4.0 m³/s 左右。

6.4　枢纽整体 1∶100 物理模型试验

枢纽整体物理模型为正态模型，比尺 1∶100，按重力相似准则设计。相应的其他比尺分别为。

长度比尺：$\lambda_L = 100$

流量比尺：$\lambda_Q = 量_{L2.5} = 100\,000$

流速比尺：$\lambda_V = 速_{L0.5} = 10$

时间比尺：$\lambda_T = 间_{L0.5} = 10$

模型模拟范围为整个枢纽，主要对水电站尾水下游 350 m 范围内河道的流态、流速分布等进行观测，并和 1∶25 物理模型试验成果进行对比分析。模型布置见图 6.4.1。

图 6.4.1　金沙江金沙水电站枢纽 1∶100 整体模型布置图

6.4.1 试验工况

试验工况见表 6.4.1。

表 6.4.1 枢纽整体模型试验工况表（1∶100 模型）

项目	工况编号						
	1	2	3	4	5	6	7
机组发电情况	1#	3#	1#、3#	2#、4#	1#～3#	2#～4#	1#～4#
下泄流量/（m³/s）	954	954	1 909	1 909	2 864	2 864	3 818

注：机组编号从左至右依次定义为 1#至 4#，下同。

6.4.2 试验结果

1. 流态

在试验工况 1～工况 7 条件下，电厂尾水管的水流波动均较小，在参与发电的机组下游形成向上翻滚的顺流，流速相对较大，在没参与发电的机组下游则形成回流形态。受左岸岸坡地形影响，下泄水流在桩号 0+200 后逐渐转向右侧，并在桩号 0+350 断面后逐渐归槽向下。

2. 流速分布

为了观测机组尾水管下游河道流速分布，试验中在电厂尾水管下游 350 m 范围内河道布置了 8 个测流速断面、每个断面布置 2～8 个测点。试验成果见图 6.4.2～图 6.4.8。

试验结果表明，单台机组发电时，在发电机组下游部分区域内水流流速大于 2 m/s，最大近 3 m/s，其他部位则基本表现为回流或流速为 1.0～1.5 m/s 的顺流。随着发电机组增加，下游水位升高，参与发电的机组下游部分区域内的流速仍然大于 2.0 m/s，但最大值降为约 2.5 m/s，其他部位流速基本小于 1.5 m/s。四台机组满发时，受水流流向的影响，仅在靠近右侧隔堤附近较大范围内流速最大值约为 2 m/s，其他部位流速也基本小于 1.8 m/s。

6.4.3 小结

从枢纽整体 1∶100 模型及鱼道进口集鱼系统 1∶25 整体模型对电厂尾水下游河道的流态观测及流速分布测量的结果来看，相同工况下，两个模型的流态基本相似，流速分布也基本相同。

根据试验结果，在试验各级流量下，除了在参与运行的机组下游部分区域内流速大于 2.0 m/s 以外，其他部位表现为流速较小的顺流或回流，其测点流速均小于 1.5 m/s。因此可以初步判断，在电厂下泄流量为 439～3 818 m³/s 时，有满足鱼类上溯至电厂尾水管部位的通道和区域。

各工况下，1#机组不发电时，鱼道进口 1#～2#形成回流，靠近 1#进口附近时才为顺流；1#机组发电时，1#～2#进口水流能顺流而下。因此，2#进口的布置位置可适当前移。

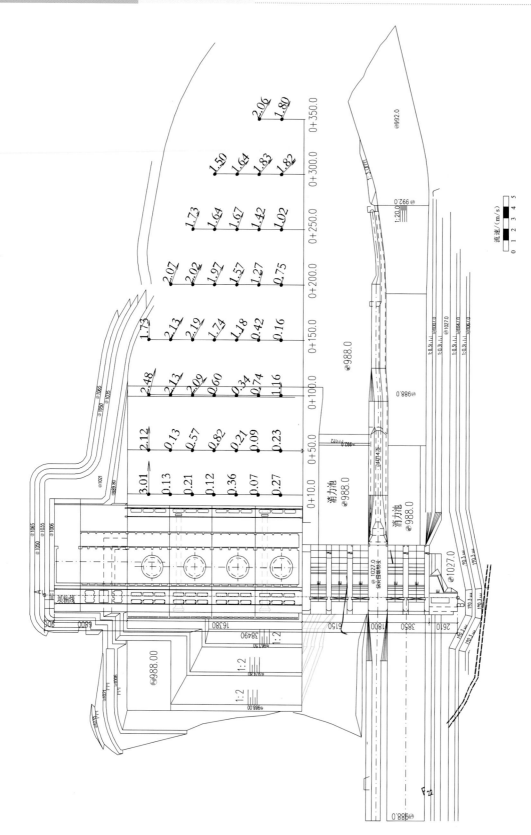

图 6.4.2 1#机组满发（下泄流量 Q=954 m³/s）电厂下游测点流速（中部）平面分布图（流速单位：m/s；高程单位：m）

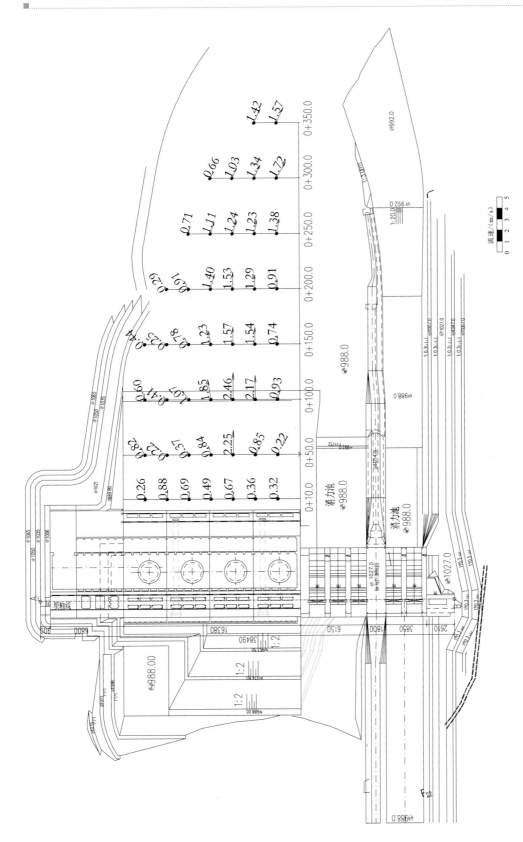

图6.4.3 3#机组满发（下泄流量$Q=954\,\mathrm{m}^3/\mathrm{s}$）电厂下游测点流速（中部）平面分布图（流速单位：m/s；高程单位：m）

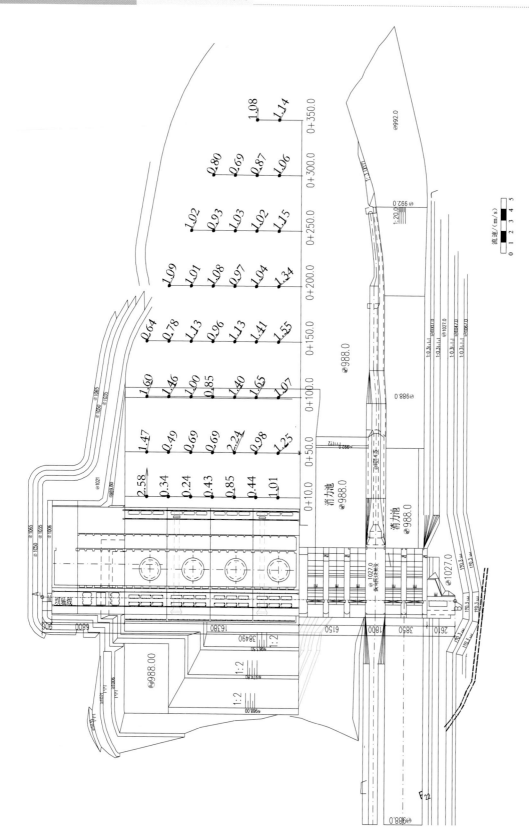

图 6.4.4 1#、3#机组满发（下泄流量 $Q=1\,909\,\mathrm{m^3/s}$）电厂下游测点流速（底部）平面分布图（流速单位：m/s；高程单位：m）

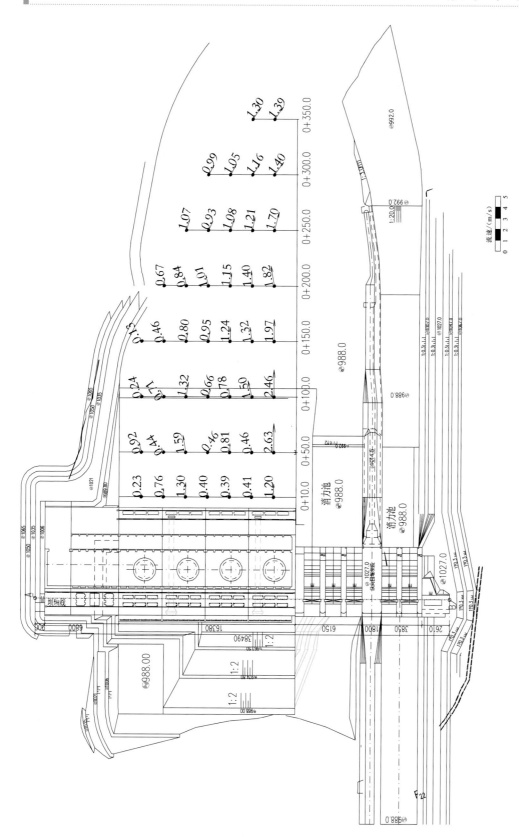

图 6.4.5 2#、4#机组满发（下泄流量 $Q=1\,909\,m^3/s$）电厂下游测点流速（底部）平面分布图（流速单位：m/s；高程单位：m）

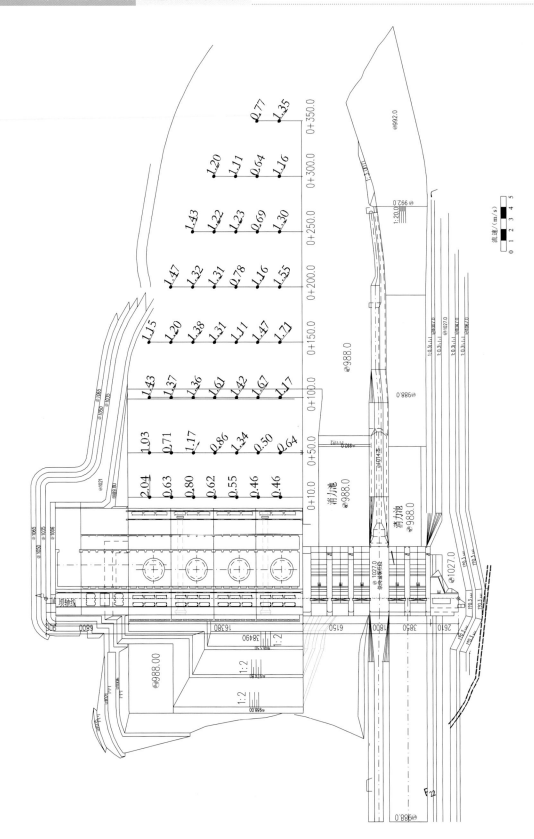

图 6.4.6　1#～3#机组满发（下泄流量 $Q = 2\,863\ \text{m}^3/\text{s}$）电厂下游测点流速（底部）平面分布图（流速单位：m/s；高程单位：m）

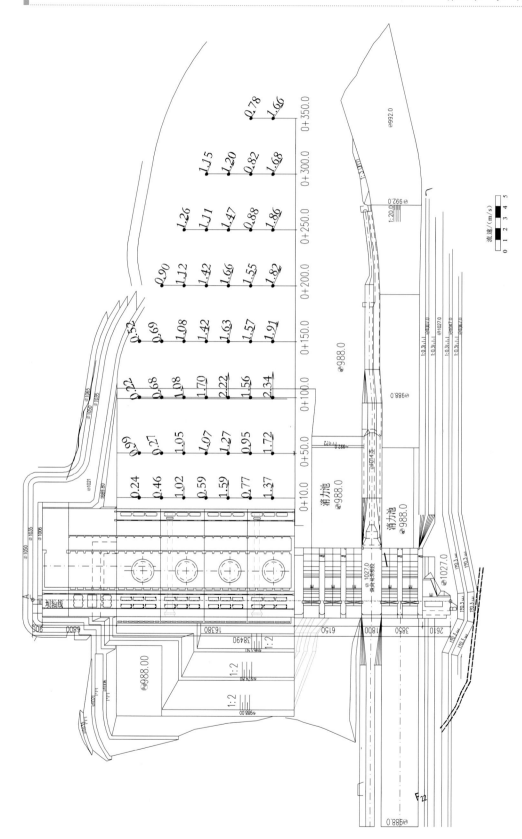

图 6.4.7 2#~4#机组满发（下泄流量 Q=2863 m³/s）电厂下游测点流速（底部）平面分布图（流速单位：m/s；高程单位：m）

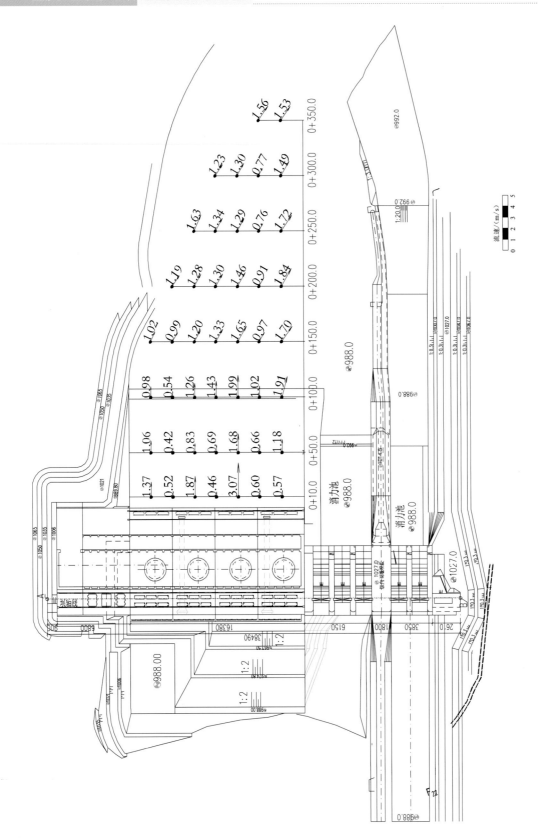

图 6.4.8　1#~4#机组满发（下泄流量 $Q=3\,818\,\text{m}^3/\text{s}$）电厂下游测点流速（底部）平面分布图（流速单位：m/s；高程单位：m）

6.5 数 模 计 算

6.5.1 控制方程

采用 $N\text{-}S$ 方程，建立三维 $\kappa\text{-}\varepsilon$ 气液两相紊流数学模型。控制方程包括连续性方程、动量方程、紊动能 κ 方程、紊动能耗散率 ε 方程：

1）连续性方程

$$\frac{\partial \rho}{\partial t} + \frac{\partial \rho u_i}{\partial x_i} = 0 \tag{6.5.1}$$

式中：ρ 为密度，kg/m^3；t 为时间，s；u_i 为 i 方向的时均流速分量，m/s；x_i 为 i 方向的坐标分量，m。

2）动量方程

$$\frac{\partial \rho u_i}{\partial t} + \frac{\partial}{\partial x_j}(\rho u_i u_j) = -\frac{\partial p}{\partial x_i} + \frac{\partial}{\partial x_j}\left[(\mu + \mu_t)\left(\frac{\partial u_i}{\partial x_j} + \frac{\partial u_j}{\partial x_i}\right)\right] - g_i \tag{6.5.2}$$

式中，p 为压力，Pa；μ 为粘黏性系数，m^2/s；μ_t 为紊动黏滞系数，$\mu_t = \rho C_\mu k^2/\varepsilon$，$m^2/s$；$g_i$ 为 i 方向的重力加速度分量，m/s^2。

3）紊动能 κ 方程

$$\frac{\partial \rho \kappa}{\partial t} + \frac{\partial \rho u_i \kappa}{\partial x_i} = \frac{\partial}{\partial x_i}\left[\left(\mu + \frac{\mu_t}{\sigma_\kappa}\right)\frac{\partial \kappa}{\partial x_i}\right] + G - \rho \varepsilon \tag{6.5.3}$$

式中：κ 为紊动能，m^2/s^2；ε 为紊动能耗散率，m^2/s^3；G 为紊动能产生项，$G = \mu t(\partial u_i / \partial x_j + \partial u_j / \partial x_i)\partial u_i / \partial x_j$，$\sigma_\kappa$ 为紊流常数，取值 1.0。

4）紊动能耗散率 ε 方程

$$\frac{\partial \rho \varepsilon}{\partial t} + \frac{\partial \rho u_i \varepsilon}{\partial x_i} = \frac{\partial}{\partial x_i}\left[\left(\mu + \frac{\mu_t}{\sigma_\varepsilon}\right)\frac{\partial \varepsilon}{\partial x_i}\right] + C_{\varepsilon 1}\frac{\varepsilon}{k}G - C_{\varepsilon 2}\rho\frac{\varepsilon^2}{k} \tag{6.5.4}$$

式中：$\sigma_\varepsilon = 1.3$，$C_{\varepsilon 1} = 1.44$，$C_{\varepsilon 2} = 1.92$。

采用 VOF 方法处理自由水面，采用流体容积分数 α_q（水相 α_w，气相 α_a）描述水和气自由表面的各种变化，水汽界面的跟踪即通过求解该连续方程来完成，第 q 相流体输运控制方程为

$$\frac{\partial \alpha_q}{\partial t} + u_i\frac{\partial \alpha_q}{\partial x_i} = 0 \tag{6.5.5}$$

在每个控制体内，水和气的体积分数之和满足 $\alpha_w + \alpha_a = 1$ 关系。引入 VOF 模型后，混合流体的密度可表示为：$\rho = \alpha_w \rho_w + (1 - \alpha_w)\rho_w$，混合流体的黏滞系数可表示为：$\mu = \alpha_w \mu_w + (1 - \alpha_w)\mu_a$。

6.5.2 数学模型

根据枢纽的调度方案,设计鱼道运行水深在 1.5～3.0 m。鱼道隔板形式如图 6.5.1 所示。为比较不同过鱼池宽度的过鱼水流条件,选取三组不同尺寸的过鱼池(表 6.5.1),利用数学模型试验并进行比较分析。

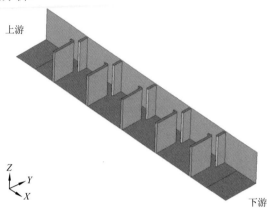

图 6.5.1　隔板形式

表 6.5.1　三种规格过鱼池的尺寸

方案	长度/m	宽度/m	坡度	隔板竖缝宽度/m
一	3	3.6	1:58	0.4
二	3	3.5	1:50	0.4
三	2	2.5	1:50	0.4

方程的离散采用四面体网格的有限体积法,并在竖缝周边区域进行局部加密处理,如图 6.5.2 所示。

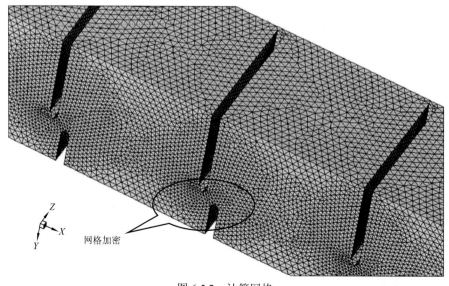

图 6.5.2　计算网格

模型上游、下游边界水深采用鱼道设计水深,不同水深条件下的流量采用物理模型试验值;过鱼池上部出口的运动流体为空气,采用恒定压力边界条件 $p = 0$;池室边壁采用无滑移壁面条件。过鱼池自由水面模拟使用 VOF 方法。

6.5.3 模拟结果及分析

1. 流场模拟结果

计算工况选取鱼道最大设计水深 $H_{max} = 3.0$ m 和最小设计水深 $H_{min} = 1.5$ m 两组工况,针对三种过鱼池方案开展数值模拟。对计算结果截取平行于鱼道底面的斜截面进行分析,斜截面相对池底的高度与设计水深之比 $h : H$ 分别为 0.2、0.5、0.8。方案一过鱼池流场计算结果如图 6.5.3～图 6.5.4 所示,方案二流场计算结果如图 6.5.5～图 6.5.6 所示,方案三流场计算结果如图 6.5.7～图 6.5.8 所示。

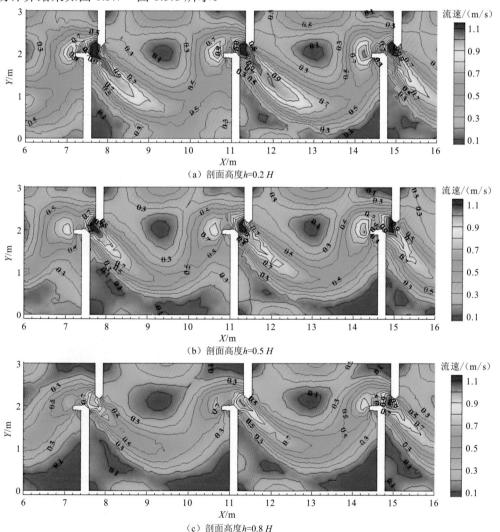

（a）剖面高度 $h = 0.2H$

（b）剖面高度 $h = 0.5H$

（c）剖面高度 $h = 0.8H$

图 6.5.3 过鱼池的流场计算结果（过鱼池方案一、池室水深 1.5 m）

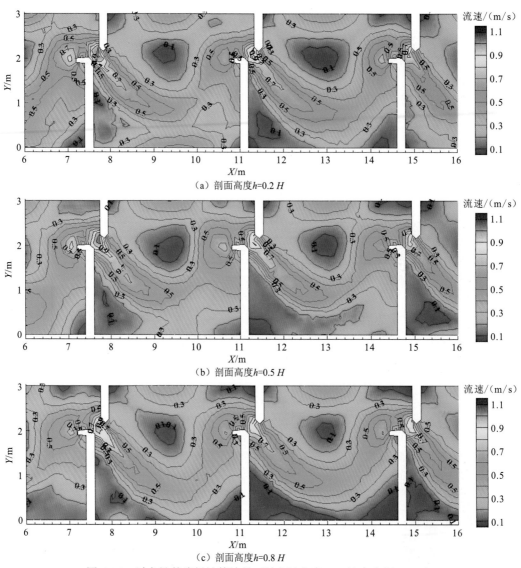

（a）剖面高度 $h=0.2H$

（b）剖面高度 $h=0.5H$

（c）剖面高度 $h=0.8H$

图 6.5.4　过鱼池的流场计算结果（过鱼池方案一、池室水深 3.0 m）

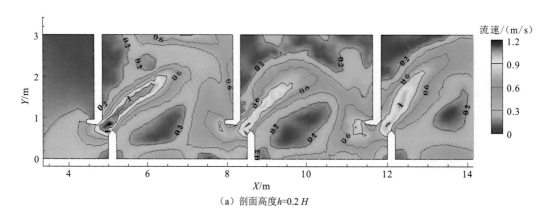

（a）剖面高度 $h=0.2H$

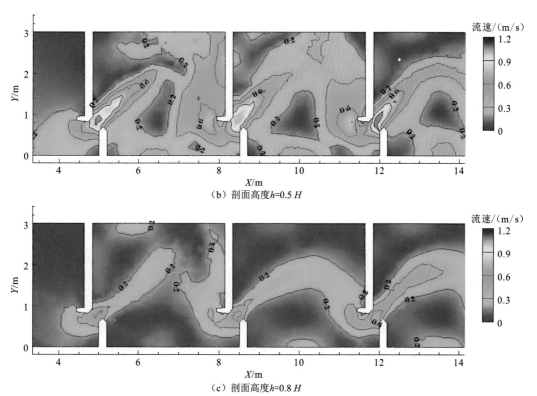

（b）剖面高度 h=0.5 H

（c）剖面高度 h=0.8 H

图 6.5.5　过鱼池的流场计算结果（过鱼池方案二、池室水深 1.5 m）

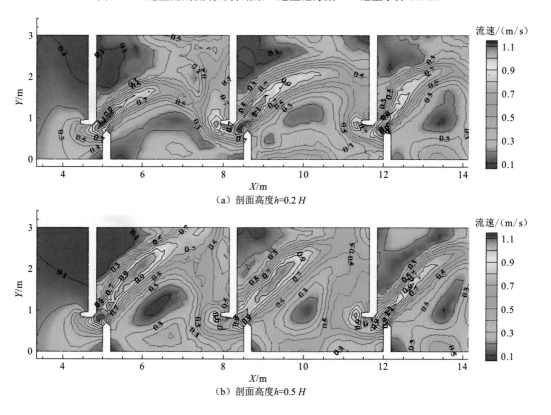

（a）剖面高度 h=0.2 H

（b）剖面高度 h=0.5 H

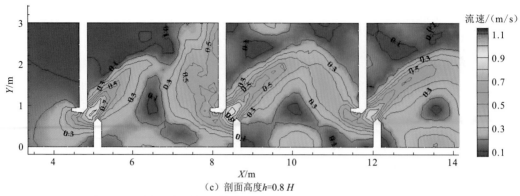

（c）剖面高度h=0.8 H

图 6.5.6　过鱼池的流场计算结果（过鱼池方案二、池室水深3.0 m）

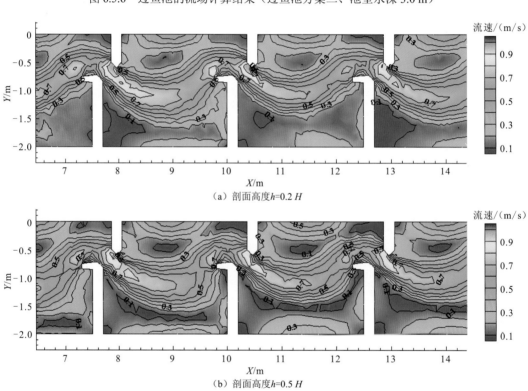

（a）剖面高度h=0.2 H

（b）剖面高度h=0.5 H

（c）剖面高度h=0.8 H

图 6.5.7　过鱼池的流场计算结果（过鱼池方案三、池室水深1.5 m）

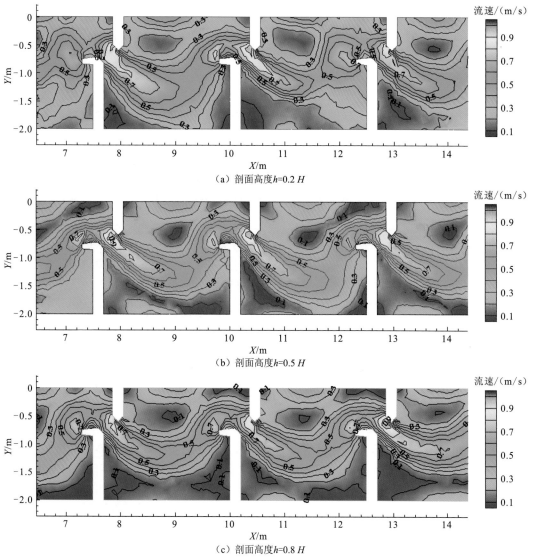

（a）剖面高度 $h=0.2H$

（b）剖面高度 $h=0.5H$

（c）剖面高度 $h=0.8H$

图 6.5.8　过鱼池的流场计算结果（过鱼池方案三、池室水深 3.0 m）

2. 水力学特性分析

（1）数学模拟与物理模型对比验证。对比数学模型计算结果和物理模型试验结果，两者的过鱼池水流的流态相似度较好，主流的形态一致，竖缝最大流速基本吻合（对比图 5.2.5～图 5.2.6），表明数学模型的设置及计算参数的选取比较合理，数学模型的计算结果可以用于过鱼池水力学特性的分析。

（2）隔板竖缝式过鱼池流场特征。根据三种不同规格过鱼池数学模型的模拟结果，过鱼池水流均呈现如下特征：①相邻过鱼池的流速分布相似，竖缝泄流沿疏缝导向前进，两侧形成比较明显的回流区；②相邻竖缝泄流的主流区域首尾相连，形成了明显"S"形的主流速区；③上、中、下层截面的流速分布形态基本相同；④池室水深 1.5 m 相对池室水深 3.0 m，流速分布形态相似，竖缝流速较大。

（3）三种过鱼池规格对比。比较三种不同规格过鱼池模型的模拟结果表明：①鱼道底坡由 1：58 变化为 1：50，竖缝流速增大，但基本在 1.0 m/s 以下；②鱼道宽度由 3 m 缩窄至 2 m，主流区仍保持连续形态，且主流区宽度基本不变；③相对 3 m 宽鱼道，2 m 宽鱼道的主流区沿程左右摆动幅度较小，单个过鱼池内的主流区流速变化幅度较小。

（4）过鱼适宜性分析。对于过鱼池水流的水力特性分析着重于水流的"流速大小"和"方向"，根据大量的已建工程的经验，一般认为"流速适宜、水流方向连贯的条件下，鱼类可以上溯"。基于上述经验，分析计算结果表明：①竖缝最大流速约 1.0 m/s，不超出鱼类的克流能力，鱼类可以克流上溯；②竖缝间水流形成连贯的主流区（相对两侧回流区而言），且主流区的宽度大于竖缝宽度 0.4 m，其流速不大于竖缝的最大流速，认为主流区便于激发鱼类克流上溯，可以诱导鱼类在主流区行进，实现持续上溯；③水深较小时，竖缝流速相对较大，不利于游泳能力较弱的鱼类上溯。

3.小结

研究表明，金沙水电站鱼道采用"宽 3.0 m、长 3.6 m、底坡 1：58"、"宽 3.0 m、长 3.5 m、底坡 1：50"和"宽 2.0、长 2.5 m、底坡 1：50"三种过鱼池规格，其水力学条件均可满足鱼类上溯的要求。综合考虑池室内部水力学条件、过鱼规模，以及工程经济性等因素，推荐采用方案二"宽 3.0 m、长 3.5 m、底坡 1：50"的过鱼池方案。

6.6 水力学研究成果

（1）机组发电下泄流量 439～3818 m³/s 时，电厂尾水下游河道内虽有部分区域流速大于 2.0 m/s，但仍有较大区域和空间适合鱼类上溯，说明集鱼渠运行水位条件选择基本合适。

（2）1#机组不发电时，在侧墙前 150 m 范围内形成回流，靠近进口附近时才为顺流，1#机组发电时，水流能顺侧墙顺流而下，最大流速能达 1.5 m/s 左右。

（3）鱼道出口及进口水深均为 1.5 m 或 2.5 m 时，池室竖缝测点流速 1.1～1.2 m/s，池室内主流流速 0.4～0.8 m/s，主流流速变化比较顺畅，两侧边墙及隔板下游附近流速均小于 0.3 m/s，表现为回流或静水状态，且该区域面积均比较大，适合鱼群洄游上溯。

（4）上游水深大、下游水深小时，进鱼口附近竖缝流速较大；反之进鱼口部位流速则较小。应根据水位变化，使用不同的进鱼口和出鱼口，防止出现上下游水深不匹配的情况。

（5）金沙水电站鱼道采用"宽 3.0 m、长 3.6 m、底坡 1：58""宽 3.0 m、长 3.5 m、底坡 1：50"和"宽 2.0、长 2.5 m、底坡 1：50"三种过鱼池规格均可满足过鱼要求。综合比较过鱼规模和工程经济性，宜选取"宽 3.0 m、长 3.5 m、底坡 1：50"方案。

（6）当下游水位为鱼道运行最高水位 1 003.43 m 时，鱼道进口水深为 9.43 m，对进口上游 700～800 m 范围内水深造成影响（水深从下游至上游逐渐减小），池室竖缝流速随水深增加而减小。

（7）上游水位从 1 020.0 m 变化到 1 022.0 m 时，鱼道下泄流量为 0.50～1.19 m³/s。在下游水位较高时，鱼道下游进鱼口补水流量约为 2.0 m³/s、集鱼系统补水流量 4.0 m³/s、鱼道最大下泄流量约 2.0 m³/s，鱼道及集鱼系统共需流量约 8.0 m³/s。

第 7 章

鱼道实施

7.1 施工导流

7.1.1 工程总体导流方案及程序

金沙水电站主体工程采用导流明渠布置于右岸的三期导流方案。

导流方案共分为三期，导流明渠布置于右岸，第一期进行右岸 35 m 宽导流明渠开挖和边坡支护，浇筑明渠渠底大坝混凝土、明渠底板、边坡衬砌混凝土和纵向围堰混凝土。第一期导流明渠施工期间由一期围堰挡水，水流从束窄后的原河床下泄。第二期主河床截流，施工 3 孔河床溢流坝段、厂房坝段和左岸非溢流坝段。导流挡水建筑物为二期上、下游全年挡水土石围堰和混凝土纵向围堰，水流从导流明渠下泄。第三期在导流明渠内截流，施工三期基坑内的 2 孔右岸溢流坝段和右岸非溢流坝段。导流挡水建筑物为三期上、下游枯水期挡水土石围堰和混凝土纵向围堰，枯水期水流自 3 孔河床溢流坝段及 2 个排砂孔下泄，汛期水流自 3 孔河床泄洪表孔和右岸 1 孔泄洪表孔下泄。

导流程序如下：

2015 年 7 月开挖导流明渠，2016 年 3 月完成混凝土纵向围堰基础开挖，4 月开始纵向围堰混凝土浇筑，2016 年 10 月导流明渠具备过流条件。水流自束窄后的原河床下泄。

2016 年 11 月主河床截流，3 月中旬完成围堰防渗墙施工，3 月底基坑抽水，4 月底围堰填筑到顶，4 月初开始河床部位基础开挖，至 12 月底基础开挖完成，10 月开始大坝及厂房混凝土浇筑。水流自右岸导流明渠下泄。

2019 年 4 月底河床溢流坝段混凝土浇筑完毕，两个泄洪表孔和 1 个表孔预留缺口具备泄洪条件，9 月底厂房坝段混凝土浇筑完成，大坝具备挡水条件，10 月初开始拆除二期土石围堰，并开始三期围堰填筑。

2019 年 11 月初右岸导流明渠截流，水流自河床 1 个表孔预留缺口、2 孔泄洪表孔及 2 个排砂孔下泄。12 月中三期围堰闭气后开始抽水。

2019 年 12 月开始右岸明渠内 2 孔溢流坝段混凝土浇筑，2020 年 1 月～2 月在河床表孔预留缺口处下闸，浇筑预留缺口混凝土，5 月上旬完成预留缺口弧形门金结安装施工。缺口下闸后，水流自其余 2 孔泄洪表孔及 2 排砂孔下泄。5 月初开始拆除三期上下游土石围堰。2020 年 5 月底明渠内溢流坝段闸墩浇筑至高程 1 022 m，泄洪表孔具备过水条件。水流自河床内 3 孔泄洪表孔和 2 个排砂孔下泄。

2020 年汛期由河床坝段 3 孔泄洪表孔和明渠内 2 孔尚未安装弧门的泄洪表孔泄洪。6 月明渠内溢流坝段闸墩混凝土浇筑至坝顶，8 月初在 4#泄洪表孔进口检修门和出口叠梁门保护下安装表孔弧形门，10 月中旬 4#表孔弧形门安装完毕；10 月底 5#泄洪表孔采用检修门挡水，其余 4 孔泄洪表孔弧形门安装已完成，具备下闸蓄水条件，水库开始蓄水，10 月底第一#、二#机组发电。水流自河床 3 孔泄流表孔和明渠中的 1 孔泄流表孔下泄。

2021 年 6 月底 4 台机组全部发电。导流程序见表 7.1.1。

7.1.2 鱼道导流

1. 导流方案

金沙水电站的鱼道布置在河床左岸、厂房的左侧，采用二期基坑内的鱼道全年施工，围堰外及围堰占压段的鱼道在枯水期施工的方案。上游围堰外或被围堰占压的鱼道长约 210.0 m，其底高程 1 006.0～1 010.92 m，均高于明渠下泄 11 月至次年 4 月流量时的上游水位，故具备在枯水期施工的条件。

2. 导流建筑物设计

1）导流标准

（1）二期围堰设计标准。金沙水电站枢纽工程为 II 等大（2）型工程，根据《水电工程施工组织设计规范》（DL/T5397－2007）规定，保护永久建筑物施工的导流建筑物为 4 级建筑物，保护导流建筑物施工的围堰为 5 级建筑物。

金沙水电站二期上、下游土石围堰为 4 级建筑物，设计洪水标准采用全年 5%频率洪水 11 400 m^3/s，相应上游水位 1 021.82 m，下游水位 1 013.30 m。

（2）围堰外及围堰占压段鱼道施工设计标准。围堰外及围堰占压段的鱼道施工设计标准采用枯水期 11 月至次年 4 月 5%频率最大瞬时流量 2 450 m^3/s，相应上游水位 1 004.74 m，下游水位 1 000.85 m。

2）导流建筑物

（1）上游土石围堰。二期上游围堰一带河床覆盖层厚度 20～30 m，以卵石为主，强透水性；河床与右岸边丙南组 T_3b^5、T_3b^6 段岩层弱微风化带透水性较强，相对隔水层顶板低于高程 920 m，透水性较强。

表 7.1.1 金沙水电站施工导流程序表

导流时段	导流标准	洪峰流量/(m³/s)	泄水建筑物	挡水建筑物	上游水位/m	挡水建筑物高程/m	备注
2015年7月~2016年5月	11~5月 10% Q_{max}	3 360	原河床	岩坎围堰	1 002.61~1 003.4	1 004.5~1 005.0	一期混凝土围堰等施工
2016年6月~2016年10月	全年10% Q_{max}	10 100	原河床	一期混凝土围堰、明渠进出口岩坎围堰	1 012.0~1 012.3	1 013.5~1 014.0	导流明渠、纵向围堰坝身段等施工
2016年11月	11月10% Q_{max}	1 570	导流明渠	二期截流戗堤	999.8	1 001.0	11月初截流
2016年11月~2017年5月	11~5月 10% Q_{max}	3 360	导流明渠	二期围堰防渗墙施工平台	1 004.61	1 006.5	二期围堰防渗墙施工
2017年6月~2019年9月	全年5% Q_{max}	11 400	导流明渠	二期围堰	1 021.82	1 023.5	二期基坑内施工
2019年10月	全年20% Q_{max}	8 780	导流明渠	二期围堰	1 006.85	1 017	二期围堰拆除
2019年11月	11月10% Q_{av}	1 570	2孔表孔、1表孔缺口、2排砂孔	三期截流戗堤	1 003.23	1 005.0	11月初截流
2019年11~12月底	11~5月 5% Q_{max}	3 500	2孔表孔、1表孔缺口、2排砂孔	三期围堰高喷墙施工平台	1 008.67	1 015.5	三期上游围堰闭气
2020年1月初	1月10% Q_{av}	794	2孔表孔、1表孔缺口、2排砂孔	三期围堰	999.42	1 015.5	1月初表孔缺口闸门下闸
2020年1月~4月底	11~4月 5% Q_{max}	3 280	河床2孔溢流表孔、2个排砂孔泄流	三期围堰	1 013.75	1 015.5	表孔缺口混凝土浇筑、弧门安装
2020年5月	11~5月 5% Q_{max}	3 500	河床3孔溢流表孔、2个排砂孔泄流	三期围堰	1 010.98	1 015.5	河床三表孔安装完成
2020年6月~7月	全年2% Q_{max}	13 000	5个表孔泄流	大坝	1 019.99	1 022	明渠坝段水面以上混凝土浇筑
2020年8月~12月	全年2% Q_{max}	13 000	4个表孔泄流	大坝	1 023.52	1 027	4#、5#表孔弧门安装

上游围堰位于坝轴线上游约 195 m 处，为全年挡水土石围堰，设计洪水为全年 5%频率最大瞬时流量 11 400 m³/s，相应设计水位 1 021.82 m。

上游围堰轴线长约260.8 m，堰顶高程 1 023.5 m，顶宽 10 m，最大堰高约 33.5 m。

围堰采用混凝土防渗墙上接复合土工膜防渗，并对堰肩和堰基基岩透水带采用帷幕灌浆防渗。防渗墙最大高度 44.5 m，设计挡水头 56.8 m（河床基岩面以上），墙厚 80 cm，典型断面见图 7.1.1。

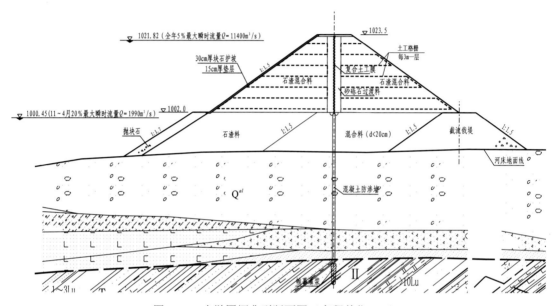

图 7.1.1　上游围堰典型断面图（高程单位：m）

（2）下游土石围堰。二期下游围堰河床覆盖层厚度 35～45 m；上部以卵石为主，厚 19 m 左右，下部粉土厚 15～18 m，底部为厚 5 m 左右的漂石夹卵石层，卵石与漂石夹卵石层透水性强。两岸及河床下伏基岩为正长岩，相对隔水层顶板高程 920 m 左右，低于基岩面 30 m 左右。设计防渗墙深度近 60 m，施工难度较大。右岸河槽为陡壁，防渗墙右端嵌入基岩陡壁的施工难度相对较大。沿顺河 F9 断层破碎带可能引起堰基较大的渗漏水。覆盖层中下部粉土层厚度大，性状较差，对围堰稳定有影响。

下游围堰位于坝轴线下游约 292 m 处，为全年挡水土石围堰，设计洪水为全年 5%频率最大瞬时流量 11 400 m³/s，相应设计水位 1 013.3 m。下游围堰轴线长约 202.0 m，堰顶高程 1 015.0 m，顶宽 10 m，最大堰高约 25 m。

采用混凝土防渗墙上接土工合成材料防渗，防渗墙最大高度 58 m，厚 80 cm，典型断面见图 7.1.2。

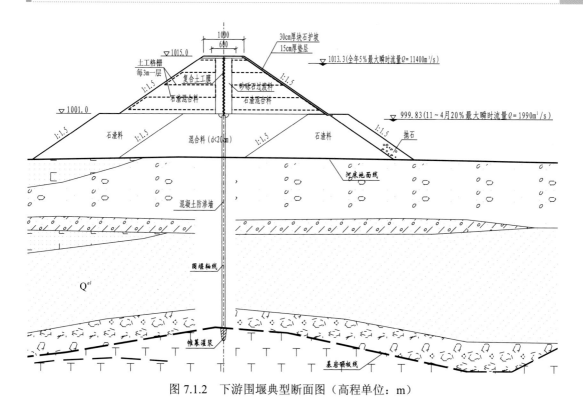

图 7.1.2　下游围堰典型断面图（高程单位：m）

7.2　料源规划与土石方平衡

金沙水电站鱼道工程混凝土总量为 2.88 万 m³，计各种损耗，共需混凝土原岩料约 3.02 万 m³。

鱼道工程开挖总量为 3.15 万 m³，填筑碎石料总量为 0.23 万 m³。

1. 料源规划

1）开挖料利用原则

考虑在满足施工组织方便、调配合理，保证填料质量及混凝土骨料质量的前提下尽可能利用工程开挖料，开挖料利用依照以下原则。

（1）边坡覆盖层、强风化料、弱风化上带料，不用。

（2）分布零星，不易分选者，不做填筑料。

（3）弱风化下带料和微新岩体作为堰体填筑料或混凝土骨料，其余均作为弃渣处理。

2）金沙水电站枢纽工程开挖料可利用量

为降低工程造价，混凝土骨料可以利用工程弱风化下带和微新岩石开挖料。

金沙水电站坝轴线下游侧的左岸安装场、厂房、右岸导流明渠下游等基岩为正长岩。弱风化下带 90 万 m^3，微风化 86 万 m^3，可利用总量合计 176 万 m^3。

3）料源选择

考虑金沙水电站枢纽工程开挖可利用量远大于工程所需工程量，并结合施工进度安排，工程共需混凝土原岩料 3.02 万 m^3，全部采用厂房开挖料。鱼道基础底部需填筑碎石料 0.23 万 m^3，全部采用明渠工程开挖料。

2. 土石方平衡

1）土石方平衡规划

根据施工总进度及施工总布置的安排，土石方的利用调配原则是：首先满足混凝土骨料的利用要求；其次满足工程填筑需要；其三用于场地平整；最后进行弃渣。做好施工现场管理，尽可能提高工程开挖料利用率。

2）土石方平衡调配

鱼道工程填筑总量为 0.23 万 m^3，全部利用明渠工程开挖料；
鱼道工程开挖总量为 3.15 万 m^3，全部弃渣于左岸上游石家沟弃渣场；
鱼道工程需混凝土骨料总量为 3.02 万 m^3，全部利用厂房明挖石料。
土石方平衡与调配详见表 7.2.1。

表 7.2.1　土石方平衡与调配表　（单位：万 m^3）

项目		工程量		鱼道		工程开挖料	
				覆盖层	明挖石方	明渠明挖石方	厂房明挖石方
				0.31	2.84	0.23	3.02
		压实方	自然方	弃渣	弃渣	转运利用	转运利用
鱼道基础底部	碎石料	0.23	0.23	—	—	0.23	—
混凝土骨料			3.02	—	—	—	3.02
左岸上游石家沟弃渣场		3.15		0.31	2.84	—	—
左岸下游围堰备料场		0.23		—	—	0.23	—
左岸钢厂沟沿江场平转运场		3.02		—	—	—	3.02
开挖利用料合计		3.25		—	—	0.23	3.02
开挖弃渣合计		3.15		0.31	2.84	—	—

7.3　鱼 道 施 工

7.3.1　施工特性

鱼道布置在电站厂房左岸边坡上，1#～3#进鱼口底高程分别为 994.0 m、996.0 m、999.0 m，1#、2#出鱼口底高程分别为 1 018.0 m、1 020.0 m，全长约为 1 456.0 m。主要建筑物由集鱼渠、鱼道进口、过鱼池、鱼道出口、补水系统及观测室等设施组成。鱼道开挖土石方总量 3.15 万 m^3，混凝土浇筑 2.88 万 m^3。

7.3.2　施工程序

鱼道开挖先岸坡后基坑，随一期导流明渠开挖一起进行，沿岸坡先开挖至高程 1 006.0 m，剩余部位在二期围堰截流后施工。鱼道施工程序为：覆盖层开挖→石方开挖→混凝土浇筑。

鱼道施工部位开挖利用左岸上下游围堰、厂房坝段的施工道路接施工便道承担开挖出渣任务。

7.3.3　土石方施工

覆盖层开挖由 2～3 m^3 挖掘机直接开挖，180～220 Hp 推土机集渣，20～32 t 自卸汽车运输出渣。

岩石开挖采用钻爆法施工，潜孔钻或全液压钻车钻孔，自上而下梯段爆破，梯段高度 8～10 m，分层爆破开挖成型。爆渣采用 2～3 m^3 挖掘机挖装，20～32 t 自卸汽车出渣，180～220 Hp 推土机配合集渣。

弃渣全部运至左岸上游石家沟弃渣场，平均运距约 2.0 km。

实际施工时土方开挖采用沃尔沃 EC700 型挖掘机、卡特彼勒 330 型挖掘机反铲直接挖装，25 t/32 t 自卸汽车运输，石方开挖采用 CM351 型钻机，钻孔直径为 90 mm，炸药采用 2#号岩石乳化炸药，药卷直径 Φ70 mm，爆破后的石渣采用沃尔沃 EC700 反铲挖掘机、卡特彼勒 330 挖掘机装 25 t/32 t 自卸汽车运至渣场。

7.3.4　混凝土施工

1. 鱼道混凝土施工方案

鱼道混凝土施工项目主要有集鱼池及观测室等。鱼道施工程序为：底板混凝土浇筑→边墙混凝土浇筑→隔板混凝土浇筑。由于鱼道混凝土工程量不大，可采用 10 t 汽车起重机为主进行混凝土浇筑。二期上游围堰以外及占压段安排在一期工程施工，剩余部分在二期施工。

鱼道工程混凝土浇筑时分上游侧和下游侧施工，上游侧利用布置于上游段塔机覆盖范围浇筑施工，下游侧利用布置于尾水渠底板的塔机覆盖范围浇筑施工；未能覆盖区域利用1台抚挖重工 QUY50A 型液压履带起重机进行机动施工。同时利用混凝土泵辅助浇筑。

2. 混凝土拌和与运输

混凝土由距坝址约 0.5 km 的左岸坝址上游新庄电厂施工区附近的混凝土生产系统供应。混凝土运输应注意以下几点。

（1）混凝土出拌和机后，应迅速运达浇筑地点，运输中不应有分离、漏浆和严重泌水现象。

（2）混凝土入仓时，应防止离析，骨料粒径小于 80 mm 的混凝土其垂直落距不应大于 2 m，超过此高度时应采用缓降措施。

（3）混凝土水平运输，鱼道混凝土水平运输主要采用 10 t 自卸汽车和 6 m³ 混凝土罐车。

（4）混凝土垂直运输，主要采用塔机、液压履带起重机、混凝土泵等设备入仓。

3. 模板工程

鱼道模板主要采用现立模板，包括现立组合钢模、现立木模和现立定型模板等。现立组合钢模面板采用定型生产的组合钢模板，包括平面钢模 P6015、P3015、P3010、P1515 等和转角模板。连接采用标准扣件。模板支撑采用直径 $\Phi48$ 脚手管、直径 $\Phi24$ 可拆卸式套筒螺杆和拉筋固定，拆模后表面不留钢筋头，拉模筋孔采用预缩砂浆及时填补。局部补缝采用现立木模，面板为 2.8 cm 厚松木或杉木板，支撑采用 5×10 cm 方木。异形部位采用现立定型模板，其面板根据结构面形状定型制作，模板支撑系统与现立组合钢模或现立木模类似。

4. 钢筋加工及安装

1）钢筋的加工

钢筋加工均在钢筋厂内完成。钢筋的表面洁净无损伤，油漆污染和铁锈等在使用前清除干净。钢筋加工前应保证平直，无局部弯折，钢筋的调直遵守以下规定。

（1）采用冷拉方法调直钢筋时，I 级钢筋的冷拉率不宜大于 4%、II、III 级钢筋的冷拉率不宜大于 1%；

（2）冷拔低碳钢丝在调直机上调直后，其表面不得有明显擦伤，抗拉强度不得低于施工图纸的要求。

2）钢筋安装

（1）钢筋均在仓面内人工进行安装。

（2）钢筋安装的位置、间距严格按设计文件及规范的要求执行，做好钢筋架立、加固工作，使安装后的钢筋具有足够的刚度和稳定性。

（3）在混凝土浇筑过程中，安排专人负责检查钢筋架立位置。如发现移动则及时矫正，并防止为方便混凝土浇筑而擅自移动或割除钢筋的现象发生。

5. 钢筋接头要求如下

（1）直径在Φ28 mm以下（含Φ28 mm）的钢筋接头采用搭接手工电弧焊。

（2）直径在Φ28 mm～Φ32 mm的竖筋，采用电渣压力焊接，水平筋采用电弧焊焊接；

（3）直径Φ25 mm以下的钢筋接头，凡允许绑扎接头的，尽量绑扎，以加快施工进度。

6. 混凝土浇筑工艺

鱼道结构主要为板、梁、柱结构，混凝土分层厚度不大于 3.0 m，部分部位根据结构的情况进行调整。混凝土均采用专用支撑及专用模板，结构尺寸较大且布置有起重设备能覆盖的部位采用吊罐入仓，结构尺寸较小的部位采用 HBT30/HBT60 型混凝土泵送入仓，混凝土振捣可采用直径为Φ50 mm软轴振捣器。

7.3.5 金属结构安装

1. 安装特性

鱼道布置在电站厂房的左岸边坡上，设有 3 个不同高程进口及 2 个出口。

3 个鱼道进口处各布置 1 道进口检修门槽，分别设置 1 扇进口检修闸门。闸门结构形式为平面滑动门，由设于闸顶的固定卷扬机操作。

鱼道 2 个出口处各布置 1 道出口工作门槽，设置 1 扇出口工作闸门。闸门结构形式为平面滑动门，由设于闸顶的固定卷扬机操作。

鱼道中部布置 1 道防洪挡水门槽，设置 1 扇防洪挡水闸门。闸门结构形式为平面滑动门，由设于闸顶的固定卷扬机操作。

另设有直径为 700 mm 的补水管 2 根，长度分别为 240 m 和 115 m，在钢管中部各布置一个工作阀门。

2. 安装方案

鱼道金属结构安装总工程量256.8 t。鱼道金属结构单重较小，可采用25 t汽车起重机安装，平板门采用汽车吊配合闸顶卷扬机进行安装。鱼道金属结构运输与吊装设备见表 7.3.1。

表 7.3.1　金属结构运输与吊装设备表

序号	名称	数量	总重/t	最大吊装单元重量/t	最大吊装单元外形尺寸/m	厂内吊装设备	运输设备	现场吊装卸车设备
1	鱼道进口检修门	3	18.0	3.0	0.5×5×2.5	25 t 汽车起重机	18 t 载重汽车	25 t 汽车起重机
2	鱼道进口检修门及埋件	3	21.9	—	—	25 t 汽车起重机	18 t 载重汽车	25 t 汽车起重机
3	鱼道出口检修门	2	6.6	3.3	0.5×4.6×2.5	25 t 汽车起重机	18 t 载重汽车	25 t 汽车起重机
4	鱼道出口检修门埋件	2	4.4	—	—	25 t 汽车起重机	18 t 载重汽车	25 t 汽车起重机
5	鱼道防洪挡水门	1	5.5	3.0	0.7×4.6×2.5	25 t 汽车起重机	18 t 载重汽车	25 t 汽车起重机
6	鱼道防洪挡水门埋件	1	14.0	—	—	25 t 汽车起重机	18 t 载重汽车	25 t 汽车起重机
7	鱼道进口检修门固定卷扬机	3	24.0	8.0	1.4×1.5×2.2	25 t 汽车起重机	18 t 载重汽车	25 t 汽车起重机
8	鱼道出口检修门固定卷扬机	2	16.0	8.0	1.4×1.5×2.2	25 t 汽车起重机	18 t 载重汽车	25 t 汽车起重机
9	鱼道防洪挡水门固定卷扬机	1	15.5	15.5	1.6×2.5×2.5	25 t 汽车起重机	18 t 载重汽车	25 t 汽车起重机
10	拦漂排	1	180.0	—	—	25 t 汽车起重机	18 t 载重汽车	25 t 汽车起重机
11	鱼道补水管	1	120.0	—	—	25 t 汽车起重机	18 t 载重汽车	25 t 汽车起重机
12	鱼道补水管阀	4	8.0	—	—	25 t 汽车起重机	18 t 载重汽车	25 t 汽车起重机

3. 安装方法

1）平面闸门门槽安装

门槽预埋件在制造厂分部位、分段（节）制造，其安装采用预设安装基准点，并通过挂钢丝线分段（节）控制相对尺寸的方法，进行安装。安装时，先将底坎和首节主轨、反轨安装完毕，经监理工程师验收合格后，移交土建进行二期混凝土回填。强度符合要求后进行其余门槽安装及门槽节间焊接和二期混凝土回填，待全部安装后再进行整体检测、验收。

平面闸门门槽安装程序施工程序见图 7.3.1。

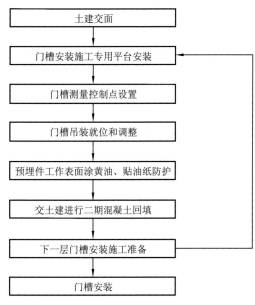

图 7.3.1 平面闸门门槽施工程序图

二期预埋件安装工艺要点如下。

（1）二期预埋件安装主要控制门槽孔口的中心线、大跨、小跨尺寸和门槽底坎水平度及门槽主轨、反轨的垂直度。

（2）预埋件安装尽量使用同一组测量控制点进行检查和校正。

（3）预埋件就位调整完毕，按图纸要求与一期混凝土中的预埋插筋或锚板焊牢。严禁将加固材料直接焊接在主轨、反轨、侧轨、门楣（胸墙）等的工作面上或水封座板上。

（4）预埋件上所有不锈钢材料的焊接接头，均使用相应的不锈钢焊条进行焊接。焊接完毕用砂轮机将门槽接头部位磨平。

（5）预埋件所有工作表面上的连接焊缝，打磨平整，并涂上人造黄油加以保护。

（6）安装完成经检查合格，移交土建施工单位在5～7天内进行二期混凝土回填，如有过期或碰撞，予以复测，复测合格方可浇筑二期混凝土。二期混凝土浇筑时，注意防止撞击门槽和用于门槽加固的拉筋。

（7）预埋件的二期混凝土拆模后，对门槽所有表面遗留的钢筋和杂物进行清理，以免影响闸门的启闭，并对预埋件的最终安装精度进行复测，同时检查混凝土面的尺寸，对跑模导致的会影响闸门运行的混凝土及时清理。

（8）用于门槽安装的测量控制点妥善保护，并做出明显标记。

2）平面闸门安装

平面闸门起重车翻身吊至孔口顶部进行闸门的拼装和安装。

平面闸门安装程序见图 7.3.2。

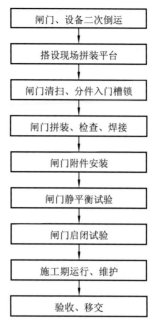

图 7.3.2 平面闸门安装工艺流程图

3）固定卷扬式启闭机安装

3 台鱼道进口检修门固定卷扬启闭机、2 台鱼道出口检修门固定卷扬启闭机、1 台鱼道防洪挡水门固定卷扬启闭机安装，其中最大部件重量约 15.5 t。用载重汽车运输至安装现场，用汽车吊卸车吊装就位进行安装和调整。

（1）首先对设备进行检查，包括数量清点及质量检查，零、部件的配合间隙必须符合设计要求。

（2）启闭机纵横向中心位置线以闸门中心线为准定位，高程点以卷筒中心为准。检查基础预埋螺栓的深度、埋入位置及露出部分的长度必须符合要求。

（3）启闭机吊装使用汽车起重机。启闭机重约 12 t，可整体吊装就位。调整以机座的加工面为准测量和控制水平度，启闭机位置线以闸门中心线为准定位，高程点以卷筒中心高程为准进行调整。机座初步调整合格后，即可灌注基础螺栓孔，待砼达到一定强度后，再进行精确调整，机座中心、高程及水平度符合要求后，打紧螺栓。

（4）将地面清扫干净后，松放钢丝绳，检查钢丝绳有无锈蚀或断丝等损坏现象，检查合格后按设备图纸要求穿绕钢丝绳，钢丝绳长度必须符合下列要求：当吊点在下极限位置时，留在卷筒上的长度不少于四圈，其中两圈作为固定用；当吊点在上极限位置时，钢丝绳不得缠绕在卷筒的光筒部分。两吊点中心距偏差不得超过±3 mm。

（5）启闭机安装并检查合格后，按施工图纸和制造厂技术说明书对其机械和电气设备及控制系统等各项性能进行试验。对采用 PLC 控制的电气控制设备，首先要对程序软件进行模拟信号调试，正常无误后，再进行联机调试。

7.4　施工布置及道路

1. 施工交通

根据对外交通和场内地形条件，场内交通采用公路运输，由于鱼道主要布置在金沙江左岸，与鱼道施工相关的场内施工道路主要有左岸 1#、3#、5#、7#、9#公路。鱼道开挖、弃渣及混凝土浇筑施工主要利用左岸 1#、3#、5#公路运输。

1）1#公路

起点接坝下游现有新庄大桥左岸附近的苏铁东路，接点高程 1 115.3 m，沿攀枝花光明路下部（临江侧）新建公路，在坝址附近以过坝隧道通达坝上游的原 503 电厂厂区，至新建的金沙上游索道桥左岸桥头与施工主干道 3#公路相接（高程 1 031.1 m）。可供前期设备进场、开挖弃渣及混凝土浇筑运输，也是金沙水电站的永久对外交通公路。线路全长 2.35 km，为永久路，其中隧道长 745 m。

2）3#公路

起点为新建金沙上游索道桥左岸桥头（高程 1 031.2 m），与桥头下游的 1#公路相接，可通往左岸各主要施工区；沿地形及原有简易路向上游延伸 0.72 km，接 9#公路通往砂石加工系统，继续前行至丽攀高速公路狮子石隧道上游端，到达石家沟弃渣场（高程 1 151.3 m）。线路沿线连通了左岸原 503 电厂施工区、钢厂沟施工区和石家沟施工区的各主要施工营地、施工工厂和弃渣场。线路全长 3.26 km，其中，永久公路 1.94 km；临时公路 1.32 km。

3）5#公路

起点附近为混凝土生产系统，与 1#公路相接（高程 1 038.5 m），施工前期可作为上游方向下基坑开挖及混凝土浇筑施工道路的一部分，后期成为左岸上坝公路；线路全长 0.35 km，其中包括 35 m 桥梁一座。

4）7#公路

该公路为左岸厂房永久公路，起点在 1#（进场）公路过坝隧道下游约 300 m 处（高程约 1 055 m），以 6.5%左右纵坡沿天然岸坡向上游方向展线降低高程，顺岸坡依次连接二期下游土石围堰左端、厂房下游开挖边坡，到达厂房尾水 1 021 m 高程平台，施工前期可作为下游方向下基坑进行混凝土浇筑施工道路的一部分，线路全长 0.60 km。

5）9#公路

起点在 3#公路加油站附近，终点接砂石加工系统，全长 1.00 km，主要承担石家沟利用料运输至砂石系统任务，交通运输量不大。

6）两岸交通联系

（1）金沙上游索道桥。金沙江坝上游约 0.5 km 处设有跨金沙江金沙上游索道桥连通两岸，桥跨约 270 m。采用 2 座临时索道桥。单座索道桥为单车道，桥面宽 4.5 m，设计荷载 60 t，采用地锚方式，通行方式为单车上桥限速通行。

（2）金沙下游索道桥。金沙下游索道桥距坝下游约 0.5 km，桥长约 260 m，为单车道，桥面宽 4.5 m，设计荷载 60 t，采用地锚方式，通行方式为单车上桥限速通行。

金沙江金沙水电站主要场内施工交通干道见表 7.4.1。

2．施工总布置

根据金沙坝址的地形地质条件和本工程特点，金沙水电站施工临时设施分为 4 个区布置。

1）左岸上游石家沟施工区

左岸上游石家沟施工区布置有石家沟弃渣场，位于距坝上游 3.8～4.4 km 范围内，占地约 25.0 万 m^2，弃渣至高程 1 120～1 250 m，弃渣容量 890 万 m^3，存渣容量 100 万 m^3。

2）左岸上游钢厂沟施工区

左岸坝上游钢厂沟施工区上方为老花地人工骨料开采场，主要布置有炸药库、左岸上游沿江利用料堆存场、钢厂沟存、弃渣场、表层土临时堆场等。总占地 19.92 万 m^2。

（1）老花地人工骨料开采场，位于距坝上游 3.2～3.5 km 范围内，占地面积 7.0 万 m^2。

（2）炸药库，布置在狮子石危岩体料场附件，高程 1 180 m 左右，占地面积 0.15 万 m^2。

（3）左岸上游沿江利用料堆存场，位于距坝上游 2.4～3.0 km 范围内，堆料高程 1 050 m，占地面积 4.57 万 m^2。

（4）钢厂沟存、弃渣场，位于距坝上游 3.3～3.7 km 范围内，堆渣（料）高程 1 050 m，占地面积 6.0 万 m^2。

（5）表层土临时堆场，位于距坝上游 3.5 km，堆渣高程 1 120 m，占地面积 2.2 万 m^2。

3）左岸上游原 503 电厂施工区

左岸上游原 503 电厂施工区主要布置有砂石加工系统、混凝土拌和系统、施工变电所、加油站、施工水厂、施工营地、综合仓库及综合加工厂、机电拼装厂、金结拼装厂、钢厂沟存料场等。总占地 16.0 万 m^2。

（1）砂石加工系统：集中布置在原 503 电厂的上游侧，布置高程 1 030～1 070 m，占地面积 5.30 万 m^2。

（2）混凝土拌和系统：位于砂石加工系统的下方，布置高程 1 030 m，占地面积 1.30 万 m^2。

（3）施工变电所：位于 9#公路上侧，布置高程 1 050 m，占地面积 0.3 万 m^2。

表 7.4.1 金沙江金沙水电站场内施工交通干道一览表

岸别	道路名称	起点	起点高程/m	终点	终点高程/m	线路长度/km 永久	线路长度/km 临时	其中桥隧/m 桥梁	其中桥隧/m 隧道	道路等级	路面路基宽度/m	路面结构
左岸	1#公路（含 1—1#）	新农村村附近的苏铁东路	1115.3	新建金沙上游索道桥左桥头	1031.1	2.35	0.10	28	745	二级	8.5\9.5	混凝土
	3#公路	金沙上游索道桥左桥头	1031.2	石家沟弃渣场高程1150 m马道	1151.6	1.94	1.32	80	—	二级	8.5\9.5	混凝土
	5#（左上坝）公路	1#公路	1038.5	左坝头上游侧	1027.0	0.35	—	35	—	三级	6.5\7.5	混凝土
	7#公路（含 7-1#公路）	1#公路隧道下游端	1051.0	厂房尾水平台接下 1021 马道	1021.0	0.60	0.30	56	—	三级	7.5\9.0	混凝土/碎石
	9#公路	3#公路加油站侧	1030.0	砂石系统	1053.0	1.01	1.00	60	—	三级	6.5\7.5	混凝土
右岸	2#公路（含 2-1#）	金沙上游索道桥右桥头	1031.2	金沙下游索道桥右桥头	1023.2	1.01	1.20	—	—	三级	8.0\9.5	混凝土
	4#公路	右桥头与 2#公路交叉口	1030.0	明渠开挖高边坡 1070 m附近	—	—	0.75	—	—	三级	6.5\7.5	泥结碎石
	金沙江金沙上游索道桥（双桥）	—	1031.2	坝上游 0.5 km，不含桥头道路	1031.2	—	—	270×2	—	—	4.5	防滑钢板
	金沙江金沙下游索道桥	—	1023.2	坝下游 0.4 km，不含桥头道路	1023.2	—	—	260	—	—	4.5	防滑钢板
合计						6.25	4.67	1059	745			

（4）加油站：位于 2#施工营地上游侧，布置高程 1 030 m，占地面积 0.4 万 m²。

（5）施工水厂：位于 2#施工营地上游侧，紧邻加油站，布置高程 1 029 m，占地面积 0.5 万 m²。

（6）金结拼装厂：位于原 503 电厂泥石流沟上游侧，3#公路旁，布置高程 1 028～1 035 m，占地面积 1.5 万 m²。

（7）施工营地：紧邻 3#公路，位于金沙江边，靠近加油站，布置高程 1 028 m，占地面积 2.1 万 m²。

（8）综合仓库及综合加工厂：位于原 503 电厂泥石流沟上游侧，紧邻 3#公路，布置高程 1 028 m，占地面积分别为 1.3 万 m² 和 1.2 万 m²。

（9）机电拼装场：位于 9#公路原 503 电厂泥石流沟上游侧，布置高程 1 050 m，占地面积 1.4 万 m²。

（10）系统污水处理厂：位于 3#公路旁金沙江上游索道桥上游的临江侧布置高程 1 030 m，占地面积 0.7 万 m²。

4）左岸下游沿江施工区

左岸下游二期围堰备料场，紧邻 7#公路，占地面积 2.2 万 m²。

施工总布置规划详见图 5.4.1。各类施工设施占地面积见表 7.4.2。

表 7.4.2　金沙江金沙水电站施工设施占地面积一览表

编号	施工设施	占地面积/（万 m²）	布置高程/m	备注
一	左岸上游石家沟施工区	25.00	—	—
1	石家沟存、弃渣场	25.00	1 120～1 250	弃渣容量 890 万 m³，渣容量 100 万 m³
二	左岸上游钢厂沟施工区	19.92	—	—
1	老花抽人工骨料开采场	7 00	—	—
2	炸药库	0.15	1 180	—
3	左岸上游沿江利用料堆存渣场	4.57	1 050	存渣容量 45 万 m³
4	钢厂沟存、弃渣场	6.00	1 050	弃渣容量 46 万 m³，存渣容量 55 万 m³
5	表层土临时堆场	2.20	1 120	—
三	左岸上游原 503 电厂施工区	16.00	—	—
1	砂石加工系统	5.30	1 030～1 070	—
2	混凝土拌和系统	1.30	1 030	—
3	施工变电所	0.30	1 050	—
4	加油站	0.40	1 030	—
5	施工水厂	0.50	1 029	—
6	金结拼装厂	1.50	1 028～1 035	—

续表

编号	施工设施	占地面积/（万 m²）	布置高程/m	备注
7	施工营地	2.10	1 028	—
8	综合仓库	1.30	1 028	—
9	综合加工厂	1.20	1 030～1 035	—
10	机电拼装场	1.40	1 050	—
11	系统污水处理厂	0.70	1 030	—
四	左岸下游沿江施工区	2.20	—	—
1	二期围堰备料场	2.20	1 030	—
合计		63.12		

3. 鱼道施工占地

鱼道和厂房边坡布置紧密，施工界面难以区分，可同时在一个标段施工，其施工营地包含于厂房标施工营地内。施工工厂设施、料场、弃渣场和同期施工的其他标段共用，不另外单独布置，因此不另计占地面积。

7.5 施 工 进 度

金沙水电站的鱼道布置在河床左岸、厂房的左侧边坡。鱼道高程 1 005.0 m 以上的开挖同厂房边坡在二期主河床截流前，一同挖除。

根据鱼道及河床围堰的布置，其中上游鱼道出口围堰外及围堰占压段长约 210.0 m，其底高程约 1 008.0～1 017.1 m，根据金沙水电站施工导流程序，二期设计洪水标准采用全年 5%频率洪水 11 400 m³/s，相应上游水位 1 021.82 m。若安排在二期施工，该段鱼道需要另设土石围堰保护施工，不经济。

三期工程厂房坝段挡水，由已完建的河床表孔泄流，12 月～次年 5 月 5%频率洪水 3 310 m³/s，相应上游水位 1 013.55 m，此段如施工，须设置围堰保护。

根据一期导流设计标准，11 月～次年 4 月 5%频率最大瞬时流量 2 450 m³/s，相应上游水位 1 004.74 m，下游水位 1 000.85 m。可保证上述鱼道堰外及围堰占压段干地施工条件。

因此，该段鱼道混凝土浇筑需在一期工程完成。实施时在工程开工的 2016 年 12 月底前完成开挖；2017 年 1～4 月进行混凝土浇筑。

二期基坑内的鱼道部分的剩余部分施工安排在截流后进行，高程 1 005.0 m 以下的开挖在 2018 年 4～9 月施工。混凝土浇筑在 2018 年 10 月～2019 年 10 月施工。

第8章

过鱼效果分析

8.1 过鱼效果研究方法

8.1.1 鱼类资源监测

金沙水电站坝上、坝下江段的鱼类资源监测按照《长江鱼类监测手册》、《内陆水域渔业自然资源调查手册》和《水电工程水生生态调查与评价技术规范》(NB/T 10079—2018)等相关方法进行，以雇佣渔民捕捞为主，自行捕捞为辅。采集方式为使用定制（串联）倒须笼壶和三重刺网两种渔具相结合的形式。调查时间为3~4月和8~9月。捕捞时采用分区捕捞方式，记录捕捞地点、捕捞地点生境特点（流速、流态、水温、底质、河道形态等）和渔具类型。

将采集到的鱼类样本现场进行种类鉴定，并逐尾进行常规生物学测量，测量指标为全长、体长、体重、空壳重、性腺重、性腺发育程度，其中全长、体长等测量精确到 1 mm；体重、空壳重等测量精确到 1 g，性腺发育情况按照刘健康编著的《高级水生生物学》中的"Ⅵ期"标准来鉴定。此外，捕捞获得的健康活体测量完其生物学指标后，运至金沙水电站鱼类增殖站进行暂养，作为后期被动集成应答器（passive integrated transponder，PIT）标记的试验鱼。

8.1.2 鱼道内部监测

先后采用张网法和堵截法等方法对鱼道内部的渔获物进行现场监测。对采集到的鱼类鉴定其种类，测量其全长、体长、体重等生物学指标，并解剖观察性腺发育程度。

地笼网为常规渔获物调查工具。张网法即在鱼道的出鱼口设置定制张网陷阱（网口长×高为 75 cm×65 cm），张网后设集鱼箱（鱼只进不出）。堵截法即用张网或拦鱼栅堵住鱼道的出口，防止鱼从上游水游入，然后排干鱼道，将鱼道中的鱼全部捞出用于统计分析。

8.1.3 坝下鱼类集群观测

根据坝下区域的不同流场情况，将整个区域细分为四个区域：Q1 鱼道进口附近、Q2

河床泄洪孔附近、Q3 明渠泄洪孔附近以及 Q4 下游吊桥下附近，调查区域见图 8.1.1。上述区域在主要鱼类繁殖季节，开展常规渔获物调查。采集方式为使用定制（串联）倒须笼壶和三重刺网两种渔具相结合的形式。渔获物调查及数据统计等参考鱼类资源监测进行。

图 8.1.1　坝下鱼类集群调查区域示意图

8.1.4　鱼道通过性试验

1．试验鱼采集

在坝上坝下鱼类资源监测和鱼道内部鱼类资源监测时捕捞获得的健康活体测量完其生物学指标后，运至金沙水电站鱼类增殖放流站进行暂养，作为 PIT 标记的材料。

根据金沙鱼道的过鱼对象，以及暂养鱼类的种类组成情况，选取主要过鱼对象中的圆口铜鱼、岩原鲤、白甲鱼和鲈鲤作为 PIT 标记放流试验鱼；选取兼顾过鱼对象中的长丝裂腹鱼、短须裂腹鱼和细鳞裂腹鱼作为 PIT 标记放流试验鱼；选取其他过鱼对象中的齐口裂腹鱼、红鳍鲌、切尾拟鲿、鲫和墨头鱼作为 PIT 标记放流试验鱼。

2．试验鱼标记

采集的鱼类在金沙水电站鱼类增殖站暂养约 3～5 天后，选择体质好、活力强的个体进行 PIT 标记，将待标记的鱼类放入加有鱼安定（MS-222）的水中麻醉，用配套注射器将消毒后的 PIT 标记芯片适时、适度地植入鱼体背部肌肉里，每尾鱼植入 1 枚。鱼体注射部位再次消毒，然后将标记鱼放入鱼池暂养，标记完成后暂养 24 h，挑选活力较好的个体运输至金沙水电站鱼道开展试验。

3. 射频识别设备及天线布置

在鱼道指定运行工况下，用 3 套半双工射频识别设备监测 PIT 标记信号，在金沙鱼道 3#进口上游 2 m 处、坝址处、1#出口下游 2 m 处分别设置一套半双工射频识别设备，设备天线布置于相应位置竖缝处，分别命名为 T1、T2、T3（天线布设示意图见图 8.1.2）。当带有标签的试验鱼通过天线时其信息将被实时记录。鱼类在接近但未通过天线或通过天线两种情况下均会产生监测信号，本书将 PIT 标记信号统一视为鱼类已通过天线。

图 8.1.2　鱼道监测天线布设示意图

4. 试验鱼放流与监测

试验开始前将射频识别设备通电，调节测试各天线效率直至最佳。在 T1 天线下游至 3#鱼道进口的鱼道内逐条释放标记鱼类，手动记录鱼类标签 ID 及放鱼时间、地点等。当带有标签的试验鱼接近或通过天线，其标签信息将被实时记录。根据鱼道各监测断面上天线识别的信号数据，可实时监测鱼类上溯规律及个体行为。后根据建立的评价体系，结合射频识别设备导出的数据，综合分析鱼道的过鱼效果。对于分批放流的标记鱼，监测设备于最后一批标记鱼放流后 7 天停止监测，导出监测期内全部数据并分析。

5. 鱼道过鱼效果评价

1）背景

鱼道建成以后，通常由于设计、施工、运行或对鱼类行为学认识不够全面等，难以达到预期的过鱼效益，所以有必要对鱼道进行监测与评价，提出相关的优化措施，提高过鱼效果。然而，在已开展的鱼道过鱼效果监测工作中，由于监测指标少、监测技术单一、监测持续周期短等，不能获取完善的评价指标，不能对鱼道的过鱼效果进行定量评价。

鱼道评价指标包括生物指标、水力学指标、内部结构指标等多方面。其指标具体包括大坝上下游水域鱼类资源状况（种类、规格、鱼类集群效应等）、鱼道进口效果（进入时间、进入率）、鱼道通过效果（通过率、通过时间和鱼类通过鱼道的存活率）、鱼道过鱼种类及数量、到达产卵场效率（到达产卵场时间、存活率和繁殖率）、鱼道内水力学指标（流速、雷诺应力、紊流动能、流量等）、鱼道结构指标（鱼道进出口朝向、深度、尺寸，鱼道长度、宽度、池室尺寸、坡度等）。

通过以上指标评价一个鱼道成功与否是一个艰巨而又漫长的过程，需要经过多年监测，而且很多指标的含义存在重叠，某些指标的改变会导致另一些指标的改变，有的指标以目前的技术手段尚不能够收集。评价一个鱼道成功与否应该从修建鱼道的目的着手，即保证鱼类从大坝下游到达大坝上游，因此，评价一个鱼道成功与否最为主要的是评价其过鱼效果。

2）评价体系构建原则

构建竖缝式鱼道过鱼效果评价指标体系的目标是评价鱼道的过鱼效果是否满足当地的过鱼要求，找出鱼道目前存在的问题（鱼类是否能够快速找到鱼道进口、鱼类是否能够快速通过鱼道），为优化和管理已建鱼道提供依据，同时也为其他待建鱼道提供经验。评价指标体系要全面地反映鱼道的过鱼效果，需考虑多方面的因素，通过指标体系构建原则，筛选出评价指标。本书主要参考三峡大学王义川《竖缝式鱼道过鱼效果评价指标体系与问题池室诊断方法初步研究》提出的评价体系原则。

（1）整体性原则。鱼道过鱼效果受多种因素影响，如流速、流量、坡度等，各个因素之间相互影响，评价过鱼效果时具有高度复杂性，不能片面地考虑一个方面。在建立指标体系的时候，应对鱼道的整个过鱼过程进行综合考虑，并建立各个指标之间的联系，形成一个相互独立且又层次分明的整体。

（2）科学性原则。从评价鱼道过鱼效果出发，选择合适的指标。评价指标体系中指标的选取应建立在对鱼道过鱼效果充分的认识并进行过深入研究的基础之上，客观、真实地反映出鱼道的过鱼效果。选取的指标应概念明确，能准确地衡量鱼道过鱼效果。指标的选取还要有相关的生态学依据，构建的评价指标体系才会具有科学性，最终能够保证评价结果的可靠性。

（3）代表性原则。评价指标并非越多越好，随着评价指标体系中评价指标的增加，指标之间的含义重叠会随之而增加，指标获取的难度也会成倍增加，无用的信息也会变得越来越多，浪费大量的资源。因此，选取的各个指标应该能够直接反映鱼道的过鱼效果，使鱼道过鱼评价指标简洁明了，能够快速收集各个指标和对鱼道过鱼效果进行综合评价。

（4）可操作性原则。受目前的科学水平和技术水平的限制，很多指标还不能够获取，这需要根据当前过鱼效果研究领域关注的热点问题及具体问题，选取能够容易获取的指标。

3）评价指标的选择

基于准确评价竖缝式鱼道过鱼效果的目标，在综合国内外相关研究成果的基础上，分析目前评价鱼道的指标，筛选出合理的评价指标。相关领域的学者指出，评价一个鱼道应考虑其生物指标。生物指标能够最为直观反映出鱼道的过鱼效果，包括坝下鱼类资源状况、鱼道进口效率、鱼道通过效果、鱼道过鱼种类和数量等。对于评价鱼道过鱼效果来说，其最为直接的是衡量鱼道进口的效果及鱼道的可通过性，即评价指标为进入率、进入时间、通过率、通过时间。通过相关监测手段获取坝下鱼类资源状况及过鱼数量种类是为了最终计算出鱼道的通过率，但是受目前技术手段的限制，不能准确获取坝下水域鱼类资源状况，所以本书中不将其确定为评价指标。

鱼道进口相关指标（进口位置、朝向、深度、尺寸、流速等）都是导致鱼道进入率、进入时间改变的因素，如某鱼道进口深度不够，且当地鱼类都为底栖鱼类，则大部分鱼类可能找不到进口，从而导致进入率下降，即使有一部分鱼类找到进口，花费的时间也会相应增加；若某鱼道进口流速较大，超过了鱼类的游泳能力，对大部分鱼类造成了障碍，导致进入率的下降，即使有的鱼类成功进入鱼道，也可能是多次尝试才进入的鱼道，造成了进入时间的增加；若某鱼道进口位置布置不当，就导致鱼类无法找到进口，导致进入率的下降，对找到进口的鱼类来说，相应的进入时间也会增加。

鱼道内部相关指标（流速、流量、雷诺应力、紊流动能、坡度、池室尺寸、长度等）也是影响鱼道通过时间、通过率的因素。到达坝上产卵场效率是衡量通过鱼道的鱼类是否达到基因交流的指标，本书篇幅有限，其可不作为衡量鱼道过鱼效果的指标。从以往经验来看，鱼类通过鱼道的存活率一般都很高，存活率可不作为本次的评价指标。

此外，为细致研究鱼道坝上坝下两段鱼类的通过情况，额外引入过坝率和过坝时间两个指标，其反映鱼类从下游鱼道进口进入鱼道至翻过坝体的能力和效率。

综上分析，并结合国内外相关研究领域现状，本书最终确定金沙鱼道过鱼效果评价的指标体系包括进入率、进入时间/延迟率、过坝率、过坝时间/延迟率、通过率和通过时间/延迟率六个评价指标。

4）评价指标的定义

（1）进入率。鱼道进口设计是鱼道成功与否的关键环节，进口流速、深度、朝向、尺寸等都是影响进口集鱼能力的关键因素，其度量指标包括进口吸引率、进入时间等。因此，鱼道进入率可作为衡量鱼道进口的关键因素，但确定坝下鱼类资源总量尚存在巨大困难，不能确定进入率的准确值，需要以抽样的方式获取进入率，本研究采用 PIT 标记跟踪技术来开展相关研究，计算公式为

$$A_1 = n_2/n_1 \times 100\% \qquad (8.1.1)$$

式中：A_1 为进入率；n_1 为鱼道进口下游放流的标记鱼数目；n_2 为鱼道进口处检测到的鱼类数目。

（2）进入时间/延迟率。洄游鱼类的迁移时间有限，在迁移期间任何延迟都可能导致迁

移终止。鱼道进口的尺寸相对于整个坝下水域来说还是非常狭窄的，鱼类往往不能第一时间到达鱼道进口，需要耗费一定的时间对鱼道进口进行定位。因此，鱼类快速到达鱼道进口对衡量鱼道进口的诱鱼效果至关重要，并选择进入时间作为衡量鱼道进鱼效果的评价指标，其定义为鱼类到达鱼道进口时间至坝下放流标记鱼的时间差。

（3）过坝率。鱼类顺利通过坝下段鱼道可以作为评估坝下段鱼道设计效果的标准。本书选择过坝率代表能顺利通过坝址处的鱼类占比，其作为一个定量指标，一定程度反映了鱼类能通过大坝的比例。计算公为

$$A_2 = n_3/n_2 \times 100\% \tag{8.1.2}$$

式中：A_2 为过坝率；n_2 为鱼道进口处检测到的鱼类数目；n_3 为鱼道坝址处检测到的鱼类数目。

（4）过坝时间/延迟率。鱼类从坝下鱼道进口上溯至坝址处所花费的时间，一定程度反映了不同鱼类的上溯能力差异，综合来看能侧面反映坝下段鱼道设计的合理性。因此，参考过坝率，选择过坝时间作为衡量鱼道过坝效果的评价指标，其定义为鱼类上溯至坝址处的时间与鱼类到达鱼道进口的时间差。

（5）通过率。鱼类成功通过鱼道进行上溯对衡量鱼道的过鱼效果占有较高比例。在实际鱼道过鱼效果监测中，过鱼数量和种类往往不能全面反映鱼道的过鱼效果，对其定量存在困难。因此，选择通过率作为衡量鱼道的过鱼效果，其作为一个定量指标，能够很好地反映出鱼类通过鱼道的比例。

通过率定义为进入与成功通过鱼道的鱼类的百分比。鱼道通过率可量化鱼道内部可通过性，由于鱼道监测手段的限制，往往不能获得鱼道真实的通过率，需要抽样地获取通过率，其获得方法同进入率。通过率的计算公式为

$$A_3 = n_4/n_2 \times 100\% \tag{8.1.3}$$

式中：A_3 为通过率；n_2 为鱼道进口处检测到的鱼类数目；n_4 为鱼道出口处检测到的鱼类数目。

（6）通过时间/延迟率。鱼类在通过筑坝河流的时间被称为大坝整体延迟，鱼类在鱼道内部通过时间往往较长，若鱼类在鱼道内部花费太多时间，就有可能导致洄游鱼类迁移停止。Castro-Santos 和 Haro（2000）对美国康涅狄格河上的两个大坝上四条鱼道进行通过性试验发现，大坝的整体延误时间很长（median = 13.6-14.6 天），总体延误是受到鱼类在鱼道内部缓慢移动的影响，但在鱼道中反复通过失败是决定延迟的主要因素。因此，选取通过时间作为评价指标，鱼道通过时间被定义为鱼类在下游鱼道进口首次检测到成功到达上游鱼道出口那一刻所经过的时间。

5）不同类型过鱼对象的权重分配

采样专家评分法对三类过鱼对象进行权重分配。每个指标（过鱼对象）的权重赋值范围为 0~1，每个专家的 3 个指标权重赋值相加为 1，每个指标的权重最终值取三个专家的打分平均值。具体见表 8.1.1。

表 8.1.1　不同类型过鱼对象权重分配

专家	指标		
	主要过鱼对象	兼顾过鱼对象	其他过鱼对象
专家一	0.5	0.4	0.1
专家二	0.7	0.25	0.05
专家三	0.7	0.2	0.1
平均值	0.633	0.283	0.083

8.2　坝上坝下鱼类资源研究结果

8.2.1　种类组成及相似性

1. 种类组成

2021 年 4 月和 9 月，对金沙水电站坝上、坝下鱼类资源进行调查，根据《四川鱼类志》《中国动物志硬骨鱼纲鲤形目（中卷）》等资料分类鉴定，共采集到鱼类 38 种，隶属于 3 目 9 科 28 属，名录见表 8.2.1，部分渔获物照片见图 8.2.1。

表 8.2.1　金沙水电站坝上、坝下江段采集鱼类名录

种类	坝上	坝下
一 鲤形目 Cypriniformes		
（一）鳅科 Cobitidae		
（1）副泥鳅属 *Paracobitis*		
1. 大鳞副泥鳅 *Paramisgurnus dabryanus*		+
（二）鲤科 Cyprinidae		
（2）鱲属 *Zacco*		
2. 宽鳍鱲 *Zacco platypus*		+
（3）丁鱥属 *Tinca*		
3. 丁鱥 *Tinca tinca*		+
（4）草鱼属 *Ctenopharyngodon*		
4. 草鱼 *Ctenopharyngodon idella*		+
（5）鲢属 *Hypophthalmichthys*		
5. 鲢 *Hypophthalmichthys molitrix*	+	+
6. 鳙 *Hypophthalmichthys nobilis*		+
（6）鳑鲏属 *Rhoaeus*		
7. 中华鳑鲏 *Rhodeus sinensis*		+

续表

种类	坝上	坝下
8. 高体鳑鲏 *Rhodeus ocellatus*		+
（7）鳘属 *Hemiculter*		
9. 鳘 *Hemiculter leucisculus*	+	+
10. 张氏鳘 *Hemiculter tchangi*	+	
（8）鲌属 *Culter*		
11. 红鳍鲌 *Chanodichthys erythropterus*		+
（9）吻鮈属 *Rhinogobio*		
12. 吻鮈 *Rhinogobio typus*		+
（10）棒花鱼属 *Abbottina*		
13. 棒花鱼 *Abbottina rivularis*	+	+
（11）麦穗鱼属 *Pseudorasbora*		
14. 麦穗鱼 *Pseudorasbora parva*		+
（12）铜鱼属 *Coreius*		
15. 圆口铜鱼 *Coreius guichenoti*	+	+
（13）鲈鲤属 *Percocypris*		
16. 鲈鲤 *Percocypris pingi*		+
（14）白甲鱼属 *Onychostoma*		
17. 白甲鱼 *Onychostoma sima*	+	+
（15）墨头鱼属 *Garra*		
18. 墨头鱼 *Garra pingi*	+	
（16）裂腹鱼属 *Schizothorax*		
19. 齐口裂腹鱼 *Schizothorax prenanti*	+	+
20. 细鳞裂腹鱼 *Schizothorax chongi*	+	+
21. 短须裂腹鱼 *Schizothorax wangchiachii*	+	+
22. 长丝裂腹鱼 *Schizothorax dolichonema*	+	+
（17）原鲤属 *Procypris*		
23. 岩原鲤 *Procypris rabaudi*	+	
（18）鲤属 *Cyprinus*		
24. 鲤 *Cyprinus carpio*	+	+
25. 镜鲤 *Cyprinus carpio* var. *specularis*		+
（19）鲫属 *Carassius Nilsson*		

续表

种类	坝上	坝下
26. 鲫 *Carassius auratus*	+	+
（三）平鳍鳅科 Homalopteriae		
（20）金沙鳅属 *Jinshaia*		
27. 中华金沙鳅 *Jinshaia sinensis*	+	+
二 鲇形目 **Siluriformes**		
（四）鲿科 Bagridae		
（21）黄颡鱼属 *Pelteobagrus*		
28. 黄颡鱼 *Pelteobagrus fulvidraco*	+	
29. 瓦氏黄颡鱼 *Pelteobagrus vachelli*		+
（22）拟鲿属 *Pseudobagrus*		
30. 切尾拟鲿 *Pseudobagrus truncatus*		+
（23）鮠属 *Leiocassis*		
31. 粗唇鮠 *Leiocassis crassilabris*		+
（五）钝头鮠科 Amblycipitidae		
（24）鱼央属 *Liobagrus*		
32. 白缘鱼央 *Liobagrus marginatus*		+
（六）胡子鲇科 Clariidae		
（25）胡子鲇属 *Clarias*		
33. 胡子鲇 *Clarias fuscus*	+	
（七）鲇科 Siluridae		
（26）鲇属 *Silurus*		
34. 大口鲇 *Silurus meridionalis*	+	+
35. 鲇 *Silurus asotus*		+
三 鲈形目 **Perciformes**		
（八）丽鱼科 Cichlaidae		
（27）罗非鱼属 *Tilapia*		
36. 罗非鱼 *Oreochromis mossambicus*	+	+
（九）鰕虎鱼科 Gobiidae		
（28）吻鰕虎鱼属 *Rhinogobius*		
37. 波氏吻鰕虎鱼 *Rhinogobius cliffordpopei*		+
38. 子陵吻鰕虎鱼 *Rhinogobius giurinus*		+
合计	19 种	33 种

注："+"表示在该江段采集到鱼类样本

图 8.2.1 金沙水电站坝上、坝下江段部分渔获物照片

其中，坝上江段共采集到鱼类 66 尾，重 45 525.37 g，隶属于 3 目 6 科 16 属 19 种，分别为鲢、鳌、张氏鳌、棒花鱼、圆口铜鱼、白甲鱼、墨头鱼、齐口裂腹鱼、细鳞裂腹鱼、短须裂腹鱼、长丝裂腹鱼、岩原鲤、鲤、鲫、中华金沙鳅、黄颡鱼、胡子鲇、大口鲇、罗非鱼。

坝下江段共采集到鱼类 288 尾，重 49 495.09 g，隶属于 3 目 8 科 25 属 33 种，分别为大鳞副泥鳅、宽鳍鱲、丁鱥、草鱼、鲢、鳙、中华鳑鲏、高体鳑鲏、鳌、红鳍鲌、吻鮈、棒花鱼、麦穗鱼、圆口铜鱼、鲈鲤、白甲鱼、齐口裂腹鱼、细鳞裂腹鱼、短须裂腹鱼、长丝裂腹鱼、鲤、镜鲤、鲫、中华金沙鳅、瓦氏黄颡鱼、切尾拟鲿、粗唇鮠、白缘䱀、大口鲇、鲇、罗非鱼、波氏吻鰕虎鱼和子陵吻鰕虎鱼。

上述结果表明，现阶段建坝后金沙水电站附近江段鱼类资源量主要分布在金沙坝下江段，与坝上江段比较，其种类及资源量相对丰富。

2. 鱼类物种相似性指数

根据坝上、坝下江段鱼类物种的信息，计算江段间鱼类物种相似性指数（Jaccard's similarity index）来衡量每个江段之间物种组成的相似性，公式为

$$\text{IS}_J = a / (a + b + c) \tag{8.2.1}$$

式中：a 为两江段共有物种数量；b 为坝上江段独有物种数量；c 为坝下江段独有物种数量；

$0 < IS_J < 1$，越接近于 1，说明相似性越高。

根据上述公式可得金沙坝上、坝下江段共有物种为 14 种，分别为鲢、鳘、棒花鱼、圆口铜鱼、白甲鱼、齐口裂腹鱼、细鳞裂腹鱼、短须裂腹鱼、长丝裂腹鱼、鲤、鲫、中华金沙鳅、大口鲇和罗非鱼；其中，主要过鱼对象 2 种，分别为圆口铜鱼和白甲鱼；兼顾过鱼对象 4 种，分别为细鳞裂腹鱼、短须裂腹鱼、长丝裂腹鱼和中华金沙鳅。此外，坝上江段独有物种数量为 5 种，坝下江段独有物种数量为 19 种。

计算结果得，金沙坝上、坝下江段鱼类物种相似性指数 = 14/(14 + 5 + 19) = 0.368 4，整体相似性不高。分析可能与两个调查江段的水生生境、调查范围、调查力度等具有一定差异有关。

8.2.2 渔获物组成结构

1. 坝上江段

2021 年 4 月和 9 月，两期调查在金沙水电站坝上江段共采集到渔获物 66 尾，重 45 525.37 g，包括鳘、白甲鱼、齐口裂腹鱼、细鳞裂腹鱼、鲤、鲫、大口鲇等 19 种鱼类。金沙水电站坝上江段渔获物种类组成结构见表 8.2.2。

表 8.2.2　金沙水电站坝上江段渔获物种类组成结构

鱼名	数量/尾	重量/g	数量百分比/%	重量百分比/%
鲢	1	733.81	1.52	1.61
鳘	3	301.00	4.55	0.66
张氏鳘	1	16.58	1.52	0.04
棒花鱼	1	16.26	1.52	0.04
圆口铜鱼	2	1 725.60	3.03	3.79
白甲鱼	20	4 700.22	30.30	10.32
墨头鱼	1	744.77	1.52	1.64
齐口裂腹鱼	2	2 738.25	3.03	6.01
细鳞裂腹鱼	8	14 583.21	12.12	32.03
短须裂腹鱼	1	352.97	1.52	0.78
长丝裂腹鱼	1	295.48	1.52	0.65
岩原鲤	1	844.92	1.52	1.86
鲤	7	13 221.90	10.61	29.04
鲫	2	285.32	3.03	0.63
中华金沙鳅	8	75.73	12.12	0.17
黄颡鱼	1	82.53	1.52	0.18

续表

鱼名	数量/尾	重量/g	数量百分比/%	重量百分比/%
胡子鲇	1	1 255.21	1.52	2.76
大口鲇	3	3 395.04	4.55	7.46
罗非鱼	2	156.57	3.03	0.34

注：百分比小计数字的和可能不等于100%，是因为有些数据进行过舍入修约

金沙水电站坝上江段渔获物中数量百分比最大的为白甲鱼，占比为30.30%；其次为细鳞裂腹鱼和中华金沙鳅，占比均为12.12%；鲤占比为10.61%；鳘和大口鲇占比均为4.55%；罗非鱼、鲫、齐口裂腹鱼、圆口铜鱼占比为3.03%；棒花鱼、短须裂腹鱼、胡子鲇、黄颡鱼、鲢、墨头鱼、岩原鲤、张氏鳘、长丝裂腹鱼占比为1.52%。渔获物中重量百分比最大的为细鳞裂腹鱼，占比32.03%；其次是鲤，占比为29.04%；白甲鱼占比10.32%；大口鲇占比7.46%；齐口裂腹鱼占比6.01%；圆口铜鱼占比3.79%；胡子鲇占比为2.76%；其余种类鱼类重量百分比均在3%以下。

2. 坝下江段

2021年4月和9月，在金沙水电站坝下江段共采集到渔获物288尾，重49495.09 g，包括大鳞副泥鳅、鳘、中华鳑鲏、麦穗鱼、白甲鱼、细鳞裂腹鱼、鲫、鲈鲤、中华金沙鳅、瓦氏黄颡鱼、白缘䱀、罗非鱼等33种鱼类。金沙水电站坝下江段渔获物种类组成结构见表8.2.3。

表 8.2.3　金沙水电站坝下江段渔获物种类组成结构

种类	数量/尾	重量/g	数量百分比/%	重量百分比/%
大鳞副泥鳅	5	54.14	1.74	0.11
宽鳍鱲	10	286.76	3.47	0.58
草鱼	2	2 315.67	0.69	4.68
丁鱥	1	201.05	0.35	0.41
鲢	2	3 340.74	0.69	6.75
鳙	1	1 285.66	0.35	2.60
中华鳑鲏	36	76.76	12.50	0.16
高体鳑鲏	36	144.24	12.50	0.29
鳘	28	1 601.38	9.72	3.24
红鳍鲌	2	984.39	0.69	1.99
麦穗鱼	21	67.21	7.29	0.14
圆口铜鱼	1	619.60	0.35	1.25
吻鮈	2	46.69	0.69	0.09

种类	数量/尾	重量/g	数量百分比/%	重量百分比/%
棒花鱼	6	111.44	2.08	0.23
鲈鲤	6	3 829.69	2.08	7.74
白甲鱼	2	782.37	0.69	1.58
齐口裂腹鱼	4	2 827.72	1.39	5.71
细鳞裂腹鱼	6	2 027.29	2.08	4.10
短须裂腹鱼	1	189.69	0.35	0.38
长丝裂腹鱼	7	3 067.63	2.43	6.20
鲤	18	9 826.28	6.25	19.85
镜鲤	2	909.55	0.69	1.84
鲫	50	7 614.86	17.36	15.39
中华金沙鳅	7	56.90	2.43	0.11
鲇	1	793.01	0.35	1.60
大口鲇	4	4 072.34	1.39	8.23
瓦氏黄颡鱼	10	1 153.54	3.47	2.33
粗唇鮠	3	148.38	1.04	0.30
切尾拟鲿	1	4.97	0.35	0.01
白缘㶸	2	31.73	0.69	0.06
子陵吻鰕虎鱼	1	3.89	0.35	0.01
波氏吻鰕虎鱼	4	4.82	1.39	0.01
罗非鱼	6	1 014.70	2.08	2.05

注：百分比小计数字的和可能不等于100%，是因为有些数据进行过舍入修约

金沙水电站坝下江段渔获物中数量百分比最大的为鲫，占比为17.36%；其次是中华鳑鲏和高体鳑鲏，占比均为12.50%；鳌占比为9.72%；麦穗鱼占比为7.29%；鲤占比6.25%；宽鳍鱲和瓦氏黄颡鱼占比均为3.47%；数量占比最小的为丁鱥、圆口铜鱼、短须裂腹鱼、鲇、切尾拟鲿和子陵吻鰕虎鱼，占比均为0.35%。渔获物中重量百分比最大的为鲤，占比为19.85%；其次为鲫，占比15.39%；大口鲇占比为8.23%；鲈鲤占比为7.74%；鲢占比为6.75%；长丝裂腹鱼占比为6.20%；齐口裂腹鱼占比为5.71%；重量占比最小的子陵吻鰕虎鱼和波氏栉鰕虎鱼，均为0.01%。

3. 4月渔获物

2021年4月，在坝上江段采集到50尾渔获物，重39 315.4 g，共16种；其中，数量最多的是白甲鱼，采集到20尾；其次是细鳞裂腹鱼，采集到8尾。在坝下江段采集到211

尾渔获物，重 24 009.06 g，共 25 种；其中，数量最多的是中华鳑鲏和高体鳑鲏，均有 36 尾，其次是麦穗鱼和鲤，分别为 21 尾和 14 尾。详见表 8.2.4。

表 8.2.4　2021 年 4 月金沙水电站坝上、坝下江段渔获物组成

序号	坝上江段			坝下江段		
	种类	数量/尾	重量/g	种类	数量/尾	重量/g
1	白甲鱼	20	4 700.22	大鳞副泥鳅	5	54.14
2	棒花鱼	1	16.26	宽鳍鱲	10	286.76
3	鳌	1	157.13	丁鱥	1	201.05
4	大口鲇	3	3 395.04	鳙	1	1 285.66
5	短须裂腹鱼	1	352.97	麦穗鱼	21	67.21
6	胡子鲇	1	1 255.21	棒花鱼	6	111.44
7	黄颡鱼	1	82.53	中华鳑鲏	36	76.76
8	鲫	2	285.32	高体鳑鲏	36	144.24
9	鲤	4	12 404.67	鳌	9	574.32
10	罗非鱼	2	156.57	吻鮈	2	46.69
11	墨头鱼	1	744.77	鲈鲤	2	637.84
12	细鳞裂腹鱼	8	14 583.21	齐口裂腹鱼	2	579.63
13	岩原鲤	1	844.92	细鳞裂腹鱼	6	2 027.69
14	张氏鳌	1	16.58	短须裂腹鱼	1	189.69
15	长丝裂腹鱼	1	295.48	长丝裂腹鱼	7	3 067.63
16	中华金沙鳅	2	24.50	鲤	14	8 444.62
17	—	—	—	镜鲤	2	909.55
18	—	—	—	鲫	27	2 932.33
19	—	—	—	大口鲇	2	774.83
20	—	—	—	瓦氏黄颡鱼	8	906.84
21	—	—	—	粗唇鮠	1	11.00
22	—	—	—	白缘𫚟	2	31.73
23	—	—	—	子陵吻鰕虎鱼	1	3.89
24	—	—	—	波氏吻鰕虎鱼	4	4.82
25	—	—	—	罗非鱼	5	638.70
	合计	50	39 315.4		211	24 009.06

4. 9 月渔获物

2021 年 9 月，在坝上江段采集到 16 尾渔获物，共 6 种，重 6 209.99 g；其中，数量最多的是中华金沙鳅，其次是鲤。在坝下江段采集到 77 尾渔获物，共 17 种，重 25 486.43 g；其中，数量最多的是鲫，其次是鳌，详见表 8.2.5。

表 8.2.5　2021 年 9 月金沙水电站坝上、坝下江段渔获物组成

序号	坝上江段			坝下江段		
	种类	数量/尾	重量/g	种类	数量/尾	重量/g
1	鲢	1	733.81	草鱼	2	2 315.67
2	鳌	2	143.87	鲢	2	3 340.74
3	圆口铜鱼	2	1 725.60	鳌	19	1 027.06
4	齐口裂腹鱼	2	2 738.25	红鳍鲌	2	984.39
5	鲤	3	817.23	白甲鱼	2	782.37
6	中华金沙鳅	6	51.23	圆口铜鱼	1	619.60
7	—	—	—	鲈鲤	4	3 191.85
8	—	—	—	齐口裂腹鱼	2	2 248.09
9	—	—	—	鲤	4	1 381.66
10	—	—	—	鲫	23	4 682.53
11	—	—	—	中华金沙鳅	7	56.90
12	—	—	—	鲇	1	793.01
13	—	—	—	大口鲇	2	3 297.51
14	—	—	—	瓦氏黄颡鱼	2	246.70
15	—	—	—	粗唇鮠	2	137.38
16	—	—	—	切尾拟鲿	1	4.97
17	—	—	—	罗非鱼	1	376.00
合计		16	6 209.99		77	25 486.43

8.2.3　相对重要性指数

在一个生态系统中，一个或若干物种对生物群落乃至整个系统的结构、功能及稳定性具有特定的作用。有些种类贡献巨大，有些则处于从属及次要地位，因此，可以根据其在群落作用及地位，将之区分为优势种、常见种、一般种、少见种及稀有种。金沙水电站坝址江段鱼类在生物群落中作用及地位，采用相对重要性指数方法（index of relative important，IRI）对其划分。

$$IRI = (N+W)\times F \tag{8.2.2}$$

式中：IRI 为相对重要性指数；N 为某一种类的尾数占总尾数的百分比；W 为某一种类重量占总重量的百分比；F 为发现某一种类的点位数占总调查点位数百分数。定义：IRI≥500 的为优势种，100≤IRI<500 的为常见种，10<IRI<100 的为一般种，1<IRI≤10 的为少见种，IRI≤1 的为稀有种。

1. 坝上江段

从金沙水电站坝上江段渔获物结构来看（表 8.2.6），该江段主要优势种（IRI≥500）为鲤（IRI 为 1486.84）、细鳞裂腹鱼（IRI 为 1655.79）、白甲鱼（IRI 为 2031.37），其重量、数量均占绝对优势。常见种（100≤IRI<500）为鳘、圆口铜鱼、齐口裂腹鱼、大口鲇、中华金沙鳅；其中，相对重要性指数最大的为中华金沙鳅（IRI 为 460.78），其次，为大口鲇（IRI 为 300.07）。棒花鱼、张氏鳘、黄颡鱼、长丝裂腹鱼、短须裂腹鱼、鲢、墨头鱼、岩原鲤、罗非鱼、胡子鲇和鲫为一般种（10<IRI<100）。

表 8.2.6　金沙水电站坝上江段鱼类相对重要性指数

鱼名	数量/尾	重量/g	尾数百分比/%	重量百分比/%	F/%	IRI
鲢	1	733.81	1.52	1.61	12.50	39.09
鳘	3	301.00	4.55	0.66	25.00	130.17
张氏鳘	1	16.58	1.52	0.04	12.50	19.39
白甲鱼	20	4 700.22	30.30	10.32	50.00	2 031.37
圆口铜鱼	2	1 725.60	3.03	3.79	25.00	170.52
棒花鱼	1	16.26	1.52	0.04	12.50	19.39
墨头鱼	1	744.77	1.52	1.64	12.50	39.39
齐口裂腹鱼	2	2 738.25	3.03	6.01	25.00	226.13
细鳞裂腹鱼	8	14 583.21	12.12	32.03	37.50	1 655.79
长丝裂腹鱼	1	295.48	1.52	0.65	12.50	27.05
短须裂腹鱼	1	352.97	1.52	0.78	12.50	28.63
岩原鲤	1	844.92	1.52	1.86	12.50	42.14
鲤	7	13 221.90	10.61	29.04	37.50	1 486.84
鲫	2	285.32	3.03	0.63	25.00	91.43
中华金沙鳅	8	75.73	12.12	0.17	37.50	460.78
胡子鲇	1	1 255.21	1.52	2.76	12.50	53.40
大口鲇	3	3 395.04	4.55	7.46	25.00	300.07
黄颡鱼	1	82.53	1.52	0.18	12.50	21.21
罗非鱼	2	156.57	3.03	0.34	12.50	42.18

注：百分比小计数字的和可能不等于100%，是因为有些数据进行过舍入修约

2. 坝下江段

从金沙水电站坝下江段渔获物结构来看（表 8.2.7），该江段主要优势种（IRI≥500）为鳘（IRI 为 777.46）、鲤（IRI 为 1 566.18）、鲫（IRI 为 2 619.70），重量、数量均占绝对优势。常见种（100≤IRI<500）为中华金沙鳅、草鱼、细鳞裂腹鱼、罗非鱼、齐口裂腹鱼、麦穗鱼、鲢、宽鳍鱲、中华鳑鲏、高体鳑鲏、大口鲇、长丝裂腹鱼、瓦氏黄颡鱼、鲈鲤；其中，相对重要性指数最大的为鲈鲤（IRI 为 392.83），其次为瓦式黄颡鱼（IRI 为 348.17）。白缘𬶨、吻鮈、圆口铜鱼、大鳞副泥鳅、鲇、粗唇鮠、波氏吻鰕虎鱼、鳙、白甲鱼、镜鲤、红鳍鲌和棒花鱼为一般种（10<IRI<100）。丁鱥、切尾拟鳘、子陵吻鰕虎鱼和短须裂腹鱼为少见种（0<IRI≤10）。

表 8.2.7　金沙水电站坝下江段鱼类相对重要性指数

鱼名	数量/尾	重量/g	数量百分比/%	重量百分比/%	F/%	IRI
大鳞副泥鳅	5	54.14	1.74	0.11	10.00	18.45
宽鳍鱲	10	286.76	3.47	0.58	40.00	162.06
丁鱥	1	201.05	0.35	0.41	10.00	7.53
草鱼	2	2 315.67	0.69	4.68	20.00	107.46
鲢	2	3 340.74	0.69	6.75	20.00	148.88
鳙	1	1 285.66	0.35	2.60	10.00	29.45
中华鳑鲏	36	76.76	12.50	0.16	20.00	253.10
高体鳑鲏	36	144.24	12.50	0.29	20.00	255.83
红鳍鲌	2	984.39	0.69	1.99	20.00	53.67
鳘	28	1 601.38	9.72	3.24	60.00	777.46
麦穗鱼	21	67.21	7.29	0.14	20.00	148.55
棒花鱼	6	111.44	2.08	0.23	30.00	69.25
白甲鱼	2	782.37	0.69	1.58	20.00	45.50
吻鮈	2	46.69	0.69	0.09	20.00	15.78
圆口铜鱼	1	619.60	0.35	1.25	10.00	15.99
鲈鲤	6	3 829.69	2.08	7.74	40.00	392.83
大口鲇	4	4 072.34	1.39	8.23	30.00	288.50
鲇	1	793.01	0.35	1.60	10.00	19.49
瓦氏黄颡鱼	10	1 153.54	3.47	2.33	60.00	348.17
粗唇鮠	3	148.38	1.04	0.30	20.00	26.83
切尾拟鳘	1	4.97	0.35	0.01	10.00	3.57
白缘𬶨	2	31.73	0.69	0.06	20.00	15.17

续表

鱼名	数量/尾	重量/g	数量百分比/%	重量百分比/%	F/%	IRI
齐口裂腹鱼	4	2 827.72	1.39	5.71	20.00	142.04
细鳞裂腹鱼	6	2 027.29	2.08	4.10	20.00	123.59
短须裂腹鱼	1	189.69	0.35	0.38	10.00	7.30
长丝裂腹鱼	7	3 067.63	2.43	6.20	40.00	345.14
鲤	18	9 826.28	6.25	19.85	60.00	1566.18
镜鲤	2	909.55	0.69	1.84	20.00	50.64
鲫	50	7 614.86	17.36	15.39	80.00	2619.70
中华金沙鳅	7	56.90	2.43	0.11	40.00	101.82
子陵吻鰕虎鱼	1	3.89	0.35	0.01	10.00	3.55
波氏吻鰕虎鱼	4	4.82	1.39	0.01	20.00	27.97
罗非鱼	6	1 014.70	2.08	2.05	30.00	124.00

注：百分比小计数字的和可能不等于100%，是因为有些数据进行过舍入修约

8.2.4 鱼类繁殖生物学特性

对金沙水电站坝上、坝下江段采集到的部分渔获物进行解剖观察性腺发育时期，统计结果见表 8.2.8。2 次调查期间在采集到的 43 种鱼类中，性腺发育处于 IV 期及以上的鱼类主要有泥鳅、大鳞副泥鳅、宽鳍鱲、鲢、鳙、鳌、棒花鱼、吻鮈、白甲鱼、墨头鱼、硬刺松潘裸鲤、齐口裂腹鱼、细鳞裂腹鱼、短须裂腹鱼、长丝裂腹鱼、岩原鲤、鲤、镜鲤、鲫、中华金沙鳅、大口鲇、黄颡鱼、瓦氏黄颡鱼、白缘鲵、波氏吻鰕虎鱼和罗非鱼，共计 26 种。

表 8.2.8 金沙水电站坝上、坝下江段部分渔获物性腺发育时期及比例

种类	I 期	II 期	III 期	IV 期	V 期	VI 期
横纹南鳅	0	0	0	0	100.00%	0
戴氏山鳅	100.00%	0	0	0	0	0
泥鳅	0	0	0	100.00%	0	0
大鳞副泥鳅	83.33%	0	0	16.67%	0	0
宽鳍鱲	18.18%	0	9.09%	9.09%	18.18%	45.45%
丁鱥	100.00%	0	0	0	0	0
草鱼	100.00%	0	0.00%	0	0	0
鲢	33.33%	33.33%	0	33.33%	0	0
鳙	0	0	0	0	0	100.00%
中华鳑鲏	100.00%	0	0	0	0	0

种类	I 期	II 期	III 期	IV 期	V 期	VI 期
高体鳑鲏	100.00%	0	0	0	0	0
鳘	10.00%	0	0	60.00%	20.00%	10.00%
张氏鳘	0	0	100.00%	0	0	0
红鳍鲌	100.00%	0	0	0	0	0
麦穗鱼	100.00%	0	0	0	0	0
棒花鱼	44.44%	0	22.22%	22.22%	11.11%	0
吻鮈	0	0	0	0	100.00%	0
白甲鱼	0	4.55%	0	0	59.09%	36.36%
圆口铜鱼	66.67%	33.33%	0	0	0	0
墨头鱼	0	0	0	100.00%	0	0
鲈鲤	66.67%	0	33.33%	0	0	0
硬刺松潘裸鲤	0	0	0	0	100.00%	0
齐口裂腹鱼	16.67%	16.67%	0	16.67%	0	50.00%
细鳞裂腹鱼	0	0	0	0	21.43%	78.57%
短须裂腹鱼	0	0	0	0	50.00%	50.00%
长丝裂腹鱼	0	0	0	12.50%	0	87.50%
岩原鲤	0	0	0	0	0	100.00%
鲤	68.00%	12.00%	4.00%	8.00%	8.00%	0
镜鲤	50.00%	0	0	50.00%	0	0
鲫	88.46%	0	1.92%	3.85%	5.77%	0
中华金沙鳅	38.10%	33.33%	4.76%	23.81%	0	0
短身金沙鳅	100.00%	0	0	0	0	0
胡子鲇	100.00%	0	0	0	0	0
大口鲇	71.43%	0	14.29%	14.29%	0	0
鲇	100.00%	0	0	0	0	0
黄颡鱼	0	0	0	0	100.00%	0
瓦氏黄颡鱼	20.00%	10.00%	20.00%	20.00%	30.00%	0
粗唇鮠	100.00%	0	0.00%	0	0	0
切尾拟鲿	100.00%	0	0	0	0	0
白缘𩷰	55.56%	0	22.22%	0	11.11%	11.11%
子陵吻鰕虎鱼	100.00%	0	0	0	0	0
波氏吻鰕虎鱼	80.00%	0	0	0	20.00%	0
罗非鱼	50.00%	12.50%	12.50%	12.50%	12.50%	0

8.2.5 过鱼对象分布及结构组成

金沙水电站鱼道筛选的主要过鱼对象为长薄鳅、白甲鱼、长鳍吻鮈、圆口铜鱼、泉水鱼、鲈鲤和岩原鲤7种；兼顾过鱼对象为短须裂腹鱼、长丝裂腹鱼、四川裂腹鱼、细鳞裂腹鱼、硬刺松潘裸鲤和中华金沙鳅6种。

根据2021年4月和9月两期调查鱼类资源调查结果显示，7种主要过鱼对象中，白甲鱼、岩原鲤和圆口铜鱼在坝上、坝下江段均有分布，其他4种鱼类未采集到样本。6种兼顾过鱼对象采集到短须裂腹鱼、长丝裂腹鱼、细鳞裂腹鱼和中华金沙鳅4种；其中，短须裂腹鱼、细鳞裂腹鱼、中华金沙鳅在坝上、坝下江段均有分布，长丝裂腹鱼仅在坝下江段有分布。

1. 坝上江段

2021年4月和9月，两期调查在金沙江金沙水电站坝上江段共采集到渔获物66尾，重45 525.37 g。其中，主要过鱼对象有23尾，重7 270.74 g，分别是白甲鱼、圆口铜鱼和岩原鲤3种鱼类，主要过鱼对象中长薄鳅、长鳍吻鮈、鲈鲤和泉水鱼未采集到，主要过鱼对象占本次调查渔获物总数量的34.85%，总重量的15.97%。

2021年4月和9月，两期调查在金沙江金沙水电站坝上江段共采集到兼顾过鱼对象18尾，重15 307.39 g，分别是中华金沙鳅、短须裂腹鱼、细鳞裂腹鱼和长丝裂腹鱼4种鱼类，兼顾过鱼对象中硬刺松潘裸鲤、四川裂腹鱼未采集到，兼顾过鱼对象占本次调查渔获物总数量的27.27%，总重量的33.62%。

两期调查坝上江段所有过鱼对象占坝上江段渔获物总数量的62.12%，总重量的49.59%，表明坝上江段过鱼对象在渔获物中常见，且占比较大。

2. 坝下江段渔获物

2021年4月和9月，两期调查在金沙江金沙水电站坝下江段共采集到渔获物288尾，重49 495.09 g。其中，主要过鱼对象9尾，重5 231.66 g，分别为白甲鱼、圆口铜鱼和鲈鲤3种鱼类，主要过鱼对象中长薄鳅、长鳍吻鮈、泉水鱼和岩原鲤未采集到，主要过鱼对象占本次调查渔获物总数量的3.13%，总重量的10.57%。

2021年4月和9月，两期调查在金沙江金沙水电站坝下江段共采集到兼顾过鱼对象21尾，重5 341.51 g，分别是中华金沙鳅、短须裂腹鱼、细鳞裂腹鱼和长丝裂腹鱼4种鱼类，兼顾过鱼对象中硬刺松潘裸鲤、四川裂腹鱼未采集到，主要过鱼对象占本次调查渔获物总数量的7.29%，总重量的10.79%。

两期调查坝下江段所有过鱼对象占坝下江段渔获物总数量的10.42%，总重量的21.36%，表明坝下江段过鱼对象在渔获物中占比较小。

8.2.6 过鱼对象繁殖生物学特性

1. 种群性别比

分别对金沙水电站坝上、坝下江段渔获物中的过鱼对象性别比例进行统计，坝上江段结果见表 8.2.9，坝下江段结果见表 8.2.10。

表 8.2.9 金沙水电站坝上江段过鱼对象种群性别比信息表

过鱼类型	鱼类	雌（♀）	雄（♂）	不辨	♀:♂
主要	白甲鱼	0	20	0	0:20
	岩原鲤	1	0	0	1:0
	圆口铜鱼	1	0	1	1:0
兼顾	短须裂腹鱼	0	1	0	0:1
	细鳞裂腹鱼	1	7	0	0.14:1
	中华金沙鳅	0	5	3	0:5

表 8.2.10 金沙水电站坝下江段过鱼对象种群性别比信息表

过鱼类型	鱼类	雌（♀）	雄（♂）	不辨	♀:♂
主要	白甲鱼	0	2	0	0:2
	鲈鲤	0	5	1	0:5
	圆口铜鱼	0	—	1	0:0
兼顾	细鳞裂腹鱼	0	6	0	0:6
	短须裂腹鱼	0	1	0	0:1
	中华金沙鳅	0	4	3	0:4

注："—"代表性别不辨

由表 8.2.9 可知，主要过鱼对象白甲鱼雄性个体比例大于雌性个体，岩原鲤和圆口铜鱼表现出雌性个体比例大于雄性；兼顾过鱼对象短须裂腹鱼、细鳞裂腹鱼和中华金沙鳅雄性个体比例大于雌性个体。

由表 8.2.10 可知，主要过鱼对象白甲鱼、鲈鲤雄性个体比例大于雌性个体，圆口铜鱼性腺不辨，兼顾过鱼对象短须裂腹鱼、细鳞裂腹鱼和中华金沙鳅雄性个体比例大于雌性个体。

根据金沙水电站坝上和坝下江段过鱼对象种群性比对比分析可知，坝上、坝下江段过鱼对象雄性个体多于雌性个体性的种类较多。

2. 性腺时期及比例

对金沙水电站坝上、坝下江段部分渔获物进行解剖，观察过鱼对象性腺发育时期，统计结果见图 8.2.2～图 8.2.5。

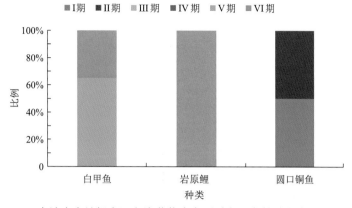

图 8.2.2 金沙水电站坝上江段渔获物中主要过鱼对象性腺发育时期及比例

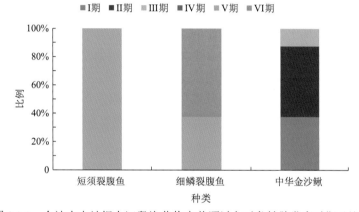

图 8.2.3 金沙水电站坝上江段渔获物中兼顾过鱼对象性腺发育时期及比例

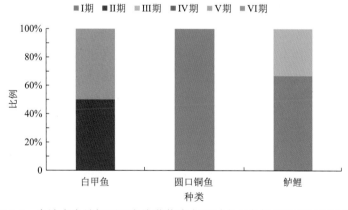

图 8.2.4 金沙水电站坝下江段渔获物中主要过鱼对象性腺发育时期及比例

　　根据图 8.2.2、图 8.2.3 可知，2021 年 4 月和 9 月调查期间，坝上江段主要过鱼对象白甲鱼和岩原鲤性腺发育 V 期及以上的个体占有一定比例；兼顾过鱼对象短须裂腹鱼和细鳞裂腹鱼性腺发育 V 期及以上的个体占有一定比例。说明目前金沙水电站坝上江段虽受上游观音岩水电站发电尾水及金沙水电站蓄水的联合影响，但仍有满足部分主要过鱼对象和兼顾过鱼对象自然繁殖的水文条件。

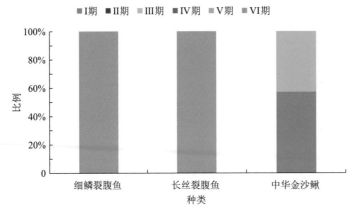

图 8.2.5　金沙水电站坝下江段渔获物中兼顾过鱼对象性腺发育时期及比例

根据图 8.2.4、图 8.2.5 可知，2021 年 4 月和 9 月调查期间，坝下江段主要过鱼对象中，仅白甲鱼性腺发育 VI 期个体占有一定比例，兼顾过鱼对象中细鳞裂腹鱼和长丝裂腹鱼均为性腺发育 VI 期个体。说明目前金沙水电站坝下江段虽受金沙电站蓄水的影响，但仍有满足部分主要过鱼对象和兼顾过鱼对象的水文条件。

上述研究结果表明，金沙水电站部分过鱼对象主要繁殖季节为 4～9 月；现状下，坝上、坝下江段仍具有满足部分过鱼对象自然繁殖的水文条件；从促进基因交流的角度来看，金沙鱼道建设的必要性是十分充分的。

8.3　坝下鱼类集群研究结果

8.3.1　种类组成

2022 年 5 月，对金沙水电站坝下近坝址段的鱼类资源进行调查，共采集的鱼类 80 尾，70 362.3 g。根据《四川鱼类志》《中国动物志 硬骨鱼纲 鲤形目（中卷）》等资料分类鉴定，共采集到鱼类 14 种，隶属于 2 目 3 科 10 属，名录见表 8.3.1。

表 8.3.1　金沙水电站坝下近坝址区域采集鱼类名录

种类	金沙水电站坝下近坝址区域			
	进鱼口	河床泄洪孔	明渠泄洪孔	吊桥下
一　鲤形目 Cypriniformes				
（一）鲤科 Cyprinidae				
（1）鲦属 *Hemiculter*				
1. 鲦 *Hemiculter leucisculus*	+	+		
（2）铜鱼属 *Coreius*				
2. 圆口铜鱼 *Coreius guichenoti*		+	+	

种类	金沙水电站坝下近坝址区域			
	进鱼口	河床泄洪孔	明渠泄洪孔	吊桥下
（3）鲈鲤属 *Percocypris*				
3. 鲈鲤 *Percocypris pingi*		+		
（4）白甲鱼属 *Onychostoma*				
4. 白甲鱼 *Onychostoma sima*	+	+	+	+
（5）裂腹鱼属 *Schizothorax*				
5. 齐口裂腹鱼 *Schizothorax prenanti*		+	+	+
6. 细鳞裂腹鱼 *Schizothorax chongi*		+		
7. 短须裂腹鱼 *Schizothorax*		+	+	+
8. 长丝裂腹鱼 *Schizothorax dolichonema*		+		+
（6）原鲤属 *Procypris*				
9. 岩原鲤 *Procypris rabaudi*		+	+	+
（7）鲤属 *Cyprinus*				
10. 鲤 *Cyprinus carpio*		+		
（8）鲫属 *Carassius Nilsson*				
11. 鲫 *Carassius auratus*				+
（二）平鳍鳅科 Homalopteriae				
（9）金沙鳅属 *Jinshaia*				
12. 中华金沙鳅 *Jinshaia sinensis*		+	+	
13. 短身金沙鳅 *Jinshaia abbreviata*	+	+	+	
二　鲇形目 **Siluriformes**				
（三）鲇科 Siluridae				
（10）鲇属 *Silurus*				
14. 鲇 *Silurus asotus*		+		
合计	3 种	13 种	8 种	6 种

注："+"表示在该区域采集到鱼类样本

8.3.2　集群现象分析

1. 坝下不同区域

坝下区域共采集的鱼类 14 种，80 尾，70 362.3 g。根据不同区域鱼类的调查种类及数量，分析坝下段鱼类的集群现象。根据表 8.3.2 可知，对于坝下整体区域来看，相对而言，河床泄洪孔附近区域鱼类集群现象明显，集群的鱼类种类及数量均最多；其次是明渠泄洪孔和吊桥下附近区域；而鱼道的鱼道进口附近鱼类集群现象不明显。

表 8.3.2　金沙坝下区域鱼类集群情况

坝下区域	集群种类/种	集群数量/尾
鱼道进口	3	4
河床泄洪孔	13	37
明渠泄洪孔	8	26
吊桥下	6	13
合计	**14**	**80**

注：各区域有重复类种

2. 主要过鱼对象

通过对渔获物中主要过鱼对象的分布进行分析，评估主要过鱼对象在坝下的集群现象。根据表 8.3.3 可知，7 种主要过鱼对象仅调查到 4 种，分别为圆口铜鱼、白甲鱼、岩原鲤和鲈鲤，在 4 个不同区域均有分布。

表 8.3.3　金沙坝下主要过鱼对象集群情况

坝下区域	集群种类（种）及名称	集群数量/尾
鱼道进口	白甲鱼	1
小计	1	1
河床泄洪孔	白甲鱼	2
	圆口铜鱼	6
	岩原鲤	13
	鲈鲤	1
小计	4	22
明渠泄洪孔	白甲鱼	3
	圆口铜鱼	5
	岩原鲤	2
小计	3	10
吊桥下	白甲鱼	4
	岩原鲤	2
小计	2	6
合计	4	39

就 4 个不同区域而言，主要过鱼对象集群种类及数量最多的是河床泄洪孔，其次是明渠泄洪孔和吊桥下，进鱼口附近主要过鱼对象集群种类及数量最少。

就白甲鱼而言，其在 4 个区域均有分布，其中集群现象较为明显的区域依次是吊桥下、明渠泄洪孔和河床泄洪孔，进鱼口附近区域集群现象不明显。就圆口铜鱼而言，其仅在河床泄洪孔和明渠泄洪孔附近集群，且集群数量差异不大。就岩原鲤而言，其仅在 3 个区域内集群，在河床泄洪孔附近集群现象十分显著，集群数量大；而在明渠泄洪孔和吊桥下集群现象不明显。而鲈鲤的仅在河床泄洪孔附近采集到 1 尾，数量少，不构成集群。

3. 兼顾过鱼对象

通过对渔获物中兼顾过鱼对象的分布进行分析，评估兼顾过鱼对象在坝下的集群现象。根据表 8.3.4 可知，6 种兼顾过鱼对象仅调查到 4 种，分别为短须裂腹鱼、长丝裂腹鱼、细鳞裂腹鱼和中华金沙鳅，仅分布在 3 个区域，在进鱼口附近未见分布。

表 8.3.4　金沙坝下兼顾过鱼对象集群情况

坝下区域	集群种类（种）及名称	集群数量/尾
河床泄洪孔	短须裂腹鱼	1
	长丝裂腹鱼	1
	细鳞裂腹鱼	1
	中华金沙鳅	4
小计	4	7
明渠泄洪孔	短须裂腹鱼	1
	长丝裂腹鱼	9
	中华金沙鳅	2
小计	3	12
吊桥下	短须裂腹鱼	2
	长丝裂腹鱼	1
	细鳞裂腹鱼	1
小计	3	4
合计	4	23

就 3 个不同区域而言，相对来讲，兼顾过鱼对象集群种类最多的是河床泄洪孔；兼顾过鱼对象集群数量最多的是明渠泄洪孔；而鱼道进口附近，未发现兼顾过鱼对象的集群。

就短须裂腹鱼而言，其在 3 个区域均有分布，集群现象不明显。就长丝裂腹鱼而言，其在 3 个区域均有分布，在明渠泄洪孔附近区域集群现象明显。就细鳞裂腹鱼而言，其仅在 2 个区域内分布，在河床泄洪孔和吊桥下附近区域的集群现象不明显。而中华金沙鳅在河床泄洪孔和明渠泄洪孔附近均有分布，集群现象相对明显的为河床泄洪孔。

4. 小结

综合现阶段坝下渔获物数据来看，就整个坝下区域近坝址段而言，在调查期运行工况下，河床泄洪孔和明渠泄洪孔对鱼类的吸引效果最好，为鱼类的主要分布区域；其次是吊桥下附近区域；而鱼道进口附近少见鱼类集群，鱼类分布较少。

就主要过鱼对象而言，白甲鱼在 4 个区域均有分布，其集群现象最为明显的区域是吊桥下。圆口铜鱼仅在河床泄洪孔和明渠泄洪孔附近集群。岩原鲤在河床泄洪孔附近集群现象十分显著。而鲈鲤的仅在河床泄洪孔附近采集到 1 尾，数量少，不构成集群。

就兼顾过鱼对象而言，短须裂腹鱼和细鳞裂腹鱼的集群现象不明显。长丝裂腹鱼在明渠泄洪孔附近区域集群现象明显。而中华金沙鳅集群现象相对明显的区域为河床泄洪孔。

综上所述，调查期间金沙坝下近坝址段鱼类集群现象较为明显的区域为河床泄洪孔和明渠泄洪孔，其次是吊桥下附近区域，鱼道进口附近集群现象不明显。而各过鱼对象的集群特征呈现差异化，分析与其生态习性、坝下不同区域水体流速的显著性差异密切相关。

8.3.3 集群过鱼对象群落结构

对渔获物中 4 种主要过鱼对象圆口铜鱼、白甲鱼、岩原鲤和鲈鲤，4 种兼顾过鱼对象短须裂腹鱼、长丝裂腹鱼、细鳞裂腹鱼和中华金沙鳅进行体长、体重统计分析。由表 8.3.5 可知，近坝下段捕获到的过鱼对象大个体偏多，说明近坝下段过鱼对象集群主要以群落中的大个体为主，在指定运行工况下，河床泄洪孔和明渠泄洪孔区域对过鱼对象的吸引力较强，分析这与该区域内的水体流速相对稳定，对鱼类的刺激较强有关。

表 8.3.5 集群过鱼对象群落结构

过鱼对象类型/名称		数量/尾	体长/mm	平均体长/mm	体重/g	平均/g
主要型	圆口铜鱼	11	328～402	358.73	535.38～985.32	766.74
	白甲鱼	10	236～335	283.9	413.75～1 006.56	612.85
	岩原鲤	17	258～363	320.59	240.28～1 055.82	738.57
	鲈鲤	1	395	395	831.62	831.62
兼顾型	短须裂腹鱼	4	324～478	371.5	641.86～1 976.93	1 099.01
	长丝裂腹鱼	11	308～545	423	301.07～4 150.55	1 669.34
	细鳞裂腹鱼	2	387～413	400	1 397.25～1 438.56	1 417.91
	中华金沙鳅	6	70～104	86.5	4.84～15.78	9.55

8.3.4 集群影响因素分析

为探究鱼类集群的影响因素，搜集了渔获物调查期间金沙水电站的运行工况数据（表 8.3.6），并与集群鱼类的种类和数量（表 8.3.6）进行偏相关分析，分析结果见表 8.3.7。由表 8.3.7 可知，集群种类、数量与坝上平均水位、坝下平均水位、入库平均流量、出库平均流量等指标无显著相关性（均 $t > 0.05$）。但根据集群鱼类的区域分布，推测鱼类集群现象可能主要受坝下流场、局部流速、水温分布等复杂因素联合影响。

表 8.3.6　2022 年 5 月 24 日～5 月 30 日金沙水电站的运行工况及鱼类集群情况

时间	坝上平均水位 /m	坝下平均水位 /m	入库平均流量 /(m³/s)	出库平均流量 /(m³/s)	集群种类 /种	集群数量 /尾
2022 年 5 月 24 日	1 021.34	1 001.07	2 164	2 153	3	4
2022 年 5 月 25 日	1 020.85	998.61	2 632	2 665	7	9
2022 年 5 月 26 日	1 019.76	1 001.26	2 301	2 371	6	9
2022 年 5 月 27 日	1 021.10	1 000.66	2 178	2 091	6	7
2022 年 5 月 28 日	1 020.38	999.57	2 163	2 210	9	29
2022 年 5 月 29 日	1 021.27	1 000.40	2 233	2 175	4	8
2022 年 5 月 30 日	1 022.11	1 002.30	2 718	2 662	5	14

表 8.3.7　集群鱼类的种类和数量与运行工况指标的偏相关分析

变量		坝上平均水位	坝下平均水位	入库平均流量	出库平均流量
集群种类	相关系数	−0.533	−0.556	0.046	0.170
	t 值	0.218	0.195	0.922	0.715
集群数量	相关系数	−0.229	−0.228	−0.031	0.061
	t 值	0.621	0.624	0.948	0.896

8.4　鱼道内鱼类资源研究结果

8.4.1　种类组成及相似性

1. 种类组成

金沙水电站鱼道内的鱼类资源监测工作共进行了 3 期，分别为 2021 年 4 月、2022 年 5 月和 2022 年 6 月，每期连续监测 7 天。根据《四川鱼类志》《中国动物志硬骨鱼纲鲤形目》等资料分类鉴定，鱼道内累计采集到鱼类 22 种，隶属于 3 目 6 科 19 属；其中，主要过鱼对象仅 1 种，为白甲鱼；兼顾过鱼对象 2 种，为中华金沙鳅和硬刺松潘裸鲤；名录见表 8.4.1。3 期调查分别采集到鱼类 15 种、8 种和 8 种。

表 8.4.1　金沙水电站鱼道内鱼类名录

种类	鱼道内		
	1 期	2 期	3 期
一　鲤形目 Cypriniformes			
（一）鳅科 Cobitidae			
（1）南鳅属 Schistura			

种类	鱼道内		
	1 期	2 期	3 期
1. 横纹南鳅 *Schistura fasciolatus*	+		
（2）戴氏山鳅属 *Oreias*			
2. 戴氏山鳅 *Oreias dabryi*	+		
（3）副泥鳅属 *Paracobitis*			
3. 大鳞副泥鳅 *Paramisgurnus dabryanus*	+	+	+
（4）泥鳅属 *Misgurnus*			
4. 泥鳅 *Misgurnus anguillicaudatus*	+		
（5）沙鳅属 *Sinibotia*			
5. 中华沙鳅 *Sinibotia superciliaris*			+
（二）鲤科 Cyprinidae			
（6）䱻属 *Zacco*			
6. 宽鳍䱻 *Zacco platypus*	+		
（7）鳑鲏属 *Rhoaeus*			
7. 中华鳑鲏 *Rhodeus sinensis*		+	
8. 高体鳑鲏 *Rhodeus ocellatus*	+		
（8）鲌属 *Hemiculter*			
9. 鲌 *Hemiculter leucisculus*	+		
（9）棒花鱼属 *Abbottina*			
10. 棒花鱼 *Abbottina rivularis*	+		
（10）麦穗鱼属 *Pseudorasbora*			
11. 麦穗鱼 *Pseudorasbora parva*	+		
（11）白甲鱼属 *Onychostoma*			
12. 白甲鱼 *Onychostoma sima*		+	+
（12）裸鲤属 *Gymnocypris*			
13. 硬刺松潘裸鲤 *Gymnocypris potanini firmispinatus*	+		
（13）鲤属 *Cyprinus*			
14. 鲤 *Cyprinus carpio*		+	
（14）鲫属 *Carassius Nilsson*			
15. 鲫 *Carassius auratus*		+	
（三）平鳍鳅科 Homalopteriae			
（15）金沙鳅属 *Jinshaia*			
16. 中华金沙鳅 *Jinshaia sinensis*	+	+	+

续表

种类	鱼道内		
	1 期	2 期	3 期
17. 短身金沙鳅 *Jinshaiaabbreviata*	+	+	+
（16）犁头鳅属 *Lepturichthy*			
18. 犁头鳅 *Lepturichthys fimbriata*			+
二　鲇形目 **Siluriformes**			
（四）鲿科 Bagridae			
（17）鮠属 *Leiocassis*			
19. 粗唇鮠 *Leiocassis crassilabris*			+
（五）钝头鮠科 Amblycipitidae			
（18）𫚔属 *Liobagrus*			
20. 白缘𫚔 *Liobagrus marginatus*	+	+	
三　鲈形目 **Perciformes**			
（六）鰕虎鱼科 Gobiidae			
（19）吻鰕虎鱼属 *Rhinogobius*			
21. 波氏吻鰕虎鱼 *Rhinogobius cliffordpopei*	+		
22. 子陵吻鰕虎鱼 *Rhinogobius giurinus*	+		+
合计	15	8	8

2. 鱼类物种相似性指数

根据金沙水电站坝上、坝下江段和鱼道内鱼类物种的差异，分别计算坝上江段与鱼道内、坝下江段与鱼道内鱼类物种相似性指数，公式为

$$IS_J = a/(a+b+c) \tag{8.4.1}$$

式中：a 为两区域共同拥有的物种数量；b 为坝上或坝下江段独有物种数量；c 为鱼道内独有物种数量；$0 < IS_J < 1$，越接近于 1，说明相似性越高。

1）坝上段与鱼道内鱼类物种相似性指数

根据上述公式可得金沙坝上、鱼道内共同拥有的物种数量为 6 种，分别为鳘、棒花鱼、白甲鱼、鲤、鲫、中华金沙鳅；其中，主要过鱼对象 1 种，为白甲鱼；兼顾过鱼对象 1 种，为中华金沙鳅。此外，坝上江段独有物种数量为 13 种，鱼道内独有物种数量为 16 种。计算结果得，金沙水电站坝上、鱼道内鱼类物种相似性指数 = 6/(6 + 13 + 16) = 0.171 4，整体相似性较低。

2）金沙水电站坝下段与鱼道内鱼类物种相似性指数

根据上述公式可得金沙坝下、鱼道内共同拥有的物种数量为 14 种，分别为大鳞副泥

鳅、宽鳍鱲、中华鳑鲏、高体鳑鲏、鳌、棒花鱼、麦穗鱼、白甲鱼、鲤、鲫、中华金沙鳅、白缘䰾、波氏吻鰕虎鱼和子陵吻鰕虎鱼；其中，主要过鱼对象 1 种，为白甲鱼；兼顾过鱼对象 1 种，为中华金沙鳅。此外，金沙水电站坝下江段独有物种数量为 19 种，鱼道内独有物种数量为 8 种。计算结果得，金沙水电站坝下、鱼道内鱼类物种相似性指数 = 14/(14 + 19 + 8) = 0.341 5，整体相似性不高。

综合比较分析，鱼道内与坝下江段鱼类物种相似性指数要高于与坝上江段鱼类物种相似性指数。

8.4.2　渔获物组成结构

1. 2021 年 4 月

2021 年 4 月，在金沙鱼道内共采集到渔获物 15 种，28 尾，重 278.50 g，渔获物种类组成结构如表 8.4.2 所示。由表可知，采集到的 15 种鱼类以中小型鱼类为主，数量和种类占比最大的均是白缘䰾，超过 10 种鱼类均仅采集到 1 尾样本。未捕获到主要过鱼对象；捕获到兼顾过鱼对象 2 种，分别为硬刺松潘裸鲤和中华金沙鳅。

表 8.4.2　2021 年 4 月鱼道内渔获物种类组成结构

种类	数量/尾	总重量/g	体长/mm	体重/g
横纹南鳅	1	20.67	147	20.67
戴氏山鳅	1	1.70	49	1.70
泥鳅	1	9.58	112	9.58
大鳞副泥鳅	1	24.77	151	24.77
宽鳍鱲	1	17.10	103	17.10
高体鳑鲏	1	3.41	51	3.41
鳌	1	29.10	147	29.10
麦穗鱼	1	3.40	48	3.40
棒花鱼	2	8.00	57～69	3.20～4.80
硬刺松潘裸鲤	1	56.50	165	56.50
中华金沙鳅	6	30.08	65～92	3.45～8.31
短身金沙鳅	1	2.50	60	2.50
白缘䰾	7	62.67	54～112	1.94～27.50
子陵吻鰕虎鱼	2	6.46	59～67	2.78～3.68
波氏吻鰕虎鱼	1	2.56	55	2.56
合计	28	278.50	—	—

2. 2022 年 5 月

2022 年 5 月，在金沙鱼道内共采集到渔获物 8 种，37 尾，重 4 178.33 g，渔获物种类组成结构如表 8.4.3 所示。由表可知，采集到的 8 种鱼类以中小型鱼类为主，数量占比最大的是中华金沙鳅，重量占比最大的是鲤；有 4 种鱼类均仅采集到 1 尾样本。捕获到主要过鱼对象 1 种，为白甲鱼；捕获到兼顾过鱼对象 1 种，为中华金沙鳅。

表 8.4.3　2022 年 5 月鱼道内渔获物种类组成结构

种类	数量/尾	总重量/g	体长/mm	体重/g
大鳞副泥鳅	1	22.91	148	22.91
中华鳑鲏	1	1.76	42	1.76
鲫	7	678.60	132～182	47.48～139.85
鲤	1	2 132.70	461	2332.70
白甲鱼	3	1 208.45	236～282	282.99～512.48
中华金沙鳅	19	111.09	68～89	3.51～7.37
短身金沙鳅	4	21.84	74～84	4.22～7.48
白缘䱀	1	0.98	44	0.98
合计	37	4 178.33	—	—

3. 2022 年 6 月

2022 年 6 月，在金沙鱼道内共采集到渔获物 8 种，79 尾，重 930.66 g，渔获物种类组成结构如表 8.4.4 所示。由表可知，采集到的 8 种鱼类以中小型鱼类为主，数量占比最大的是中华金沙鳅，重量占比最大的是白甲鱼。捕获到主要过鱼对象 1 种，为白甲鱼；捕获到兼顾过鱼对象 1 种，为中华金沙鳅。

表 8.4.4　2022 年 6 月鱼道内渔获物种类组成结构

种类	数量/尾	总重量/g	体长/mm	体重/g
白甲鱼	2	424.09	225～405	179.67～244.42
中华沙鳅	2	41.68	119～127	16.61～25.07
犁头鳅	6	32.24	92～152	2.78～10.73
大鳞副泥鳅	3	67.18	137～148	20.42～25.90
粗唇鮠	2	26.40	85～128	7.51～18.89
中华金沙鳅	48	252.28	63～95	3.01～11.43
短身金沙鳅	14	83.95	63～87	3.64～8.52
子陵吻鰕虎鱼	2	2.84	40～47	1.13～1.71
合计	79	930.66	—	—

8.4.3 相对重要性指数

根据三个不同调查阶段的共 22 种鱼类组成来看，大鳞副泥鳅、中华金沙鳅、短身金沙鳅、鲫和白甲鱼为鱼道内的主要优势种（IRI 均＞500），其中白甲鱼为主要过鱼对象，中华金沙鳅为兼顾过鱼对象；白缘𰻞和子陵吻鰕虎鱼为鱼道内的常见种（100＜IRI＜500）；其他 15 种鱼类均为一般种（10＜IRI＜100），其中硬刺松潘裸鲤为兼顾过鱼对象。

8.5 鱼道通过性试验研究结果

8.5.1 数据统计与分析

在最后一批标记鱼放流后 7 天，停止监测，导出设备中的数据，经校正后各天线监测到的鱼类通过数量统计如表 8.5.1 所示。放流的鱼类 95 尾，有 57 尾成功通过 T1 天线，继而有 34 尾成功通过 T2 天线，而最终能顺利通过 T3 天线的鱼类仅 12 尾。

表 8.5.1 各天线监测到的鱼类通过数量一览表

放鱼类型	放鱼数量/尾	T1 天线/尾	T2 天线/尾	T3 天线/尾
主要过鱼对象	40	21	11	5
兼顾过鱼对象	30	22	16	4
其他鱼类	25	14	7	3
合计	95	57	34	12

导出的数据经校正后，鱼类进入时间、过坝时间和通过时间如表 8.5.2 所示。

根据统计结果可知，就进入时间而言，其中主要过鱼对象中到达 T1 天线用时最短和最长的均是白甲鱼，分别为 0.1 h 和 45.1 h；兼顾过鱼对象中，到达 T1 天线用时最短是 1 尾细鳞裂腹鱼，为 0.7 h，最长的为 1 尾长丝裂腹鱼；其他鱼类中，到达 T1 天线用时最短是 1 尾墨头鱼，为 0.2 h，最长的为 1 尾齐口裂腹鱼，为 33.9 h。

表 8.5.2 各类型鱼类的进入时间、过坝时间和通过时间一览表

放鱼类型	进入时间/h	过坝时间/h	通过时间/h
主要过鱼对象	16.26±13.23	26.65±16.10	29.04±12.44
兼顾过鱼对象	13.47±15.65	32.36±20.22	30.40±11.93
其他鱼类	11.69±11.72	28.94±14.36	37.7±10.95

就过坝时间而言，主要过鱼对象中用时最短和最长的分别是白甲鱼和岩原鲤，分别为8.3 h 和 51.2 h；兼顾过鱼对象中用时最短和最长的分别是短须裂腹鱼和长丝裂腹鱼，分别为 8.8 h 和 77.3 h；其他鱼类中用时最短和最长的分布是齐口裂腹鱼和墨头鱼，分别为 14.3 h

和 53.2 h。

就通过时间而言，主要过鱼对象中用时最短和最长的分别是白甲鱼和岩原鲤，分别为 12.6 h 和 45.6 h；兼顾过鱼对象中用时最短和最长的分别是长丝裂腹鱼和细鳞裂腹鱼，分别为 18.8 h 和 41.9 h；其他鱼类中用时最短和最长的均是齐口裂腹鱼，分别为 26.9 h 和 48.8 h。

8.5.2　进入率

根据表 8.5.1 中不同类型鱼类进入鱼道的情况，统计分析了进入率，结果如表 8.5.3 所示。由表可知，其中主要过鱼对象、兼顾过鱼对象和其他鱼类的进入率分别为 52.5%、73.33% 和 56.00%，根据各自的权重，最终得出综合进入率为 58.63%。

表 8.5.3　各类型鱼类鱼道进入率一览表

放鱼类型	放鱼数量/尾	通过 T1 天线数量/尾	进入率/%	权重
主要过鱼对象	40	21	52.5	0.633
兼顾过鱼对象	30	22	73.33	0.283
其他鱼类	25	14	56.00	0.083

8.5.3　进入时间/延迟率

根据表 8.5.2 中不同类型鱼类进入鱼道的时间情况，将平均值定义为各类型鱼类进入鱼道的临界进入时间，超过该时间进入的为进入延迟。据此，统计分析进入时间，结果如表 8.5.4 所示。主要过鱼对象、兼顾过鱼对象和其他鱼类的进入延迟率分别为 47.62%、27.27% 和 42.86%，根据各自的权重，最终得出综合进入延迟率为 41.42%。

表 8.5.4　各类型鱼类延迟进入鱼道情况一览表

放鱼类型	临界进入时间/h	进入数量/尾	延迟进入数量/尾	延迟率/%	权重
主要过鱼对象	16.26	21	10	47.62	0.633
兼顾过鱼对象	13.47	22	6	27.27	0.283
其他鱼类	11.69	14	6	42.86	0.083

8.5.4　过坝率

根据表 8.5.1 中不同类型鱼类进入鱼道的情况，统计分析过坝率，结果如表 8.5.5 所示。主要过鱼对象、兼顾过鱼对象和其他鱼类的过坝率分别为 52.38%、72.73% 和 50.00%，根据各自的权重，最终得出综合过坝率为 57.89%。

表 8.5.5　各类型鱼类鱼道过坝率一览表

放鱼类型	通过 T1 天线数量/尾	通过 T2 天线数量/尾	过坝率/%	权重
主要过鱼对象	21	11	52.38	0.633
兼顾过鱼对象	22	16	72.73	0.283
其他鱼类	14	7	50.00	0.083

8.5.5　过坝时间/延迟率

根据表 8.5.2 中不同类型鱼类过坝时间情况，将平均值定义为各类型鱼类的临界过坝时间，超过该时间过坝的为过坝延迟。据此，统计分析过坝时间，结果如表 8.5.6 所示。由表可知，主要过鱼对象、兼顾过鱼对象和其他鱼类的过坝延迟率分别为 45.45%、43.75% 和 42.86%，根据各自的权重，最终得出综合过坝延迟率为 44.71%。

表 8.5.6　各类型鱼类延迟过坝情况一览表

放鱼类型	临界过坝时间/h	过坝数量/尾	延迟过坝数量/尾	延迟率/%	权重
主要过鱼对象	26.65	11	5	45.45	0.633
兼顾过鱼对象	32.36	16	7	43.75	0.283
其他鱼类	28.94	7	3	42.86	0.083

8.5.6　通过率

根据不同类型鱼类通过鱼道的情况，通过率统计分析结果见表 8.5.7。主要过鱼对象、兼顾过鱼对象和其他鱼类的通过率分别为 23.81%、18.18% 和 21.43%，根据各自的权重，最终得出综合通过率为 22.00%。

表 8.5.7　各类型鱼类鱼道通过率一览表

放鱼类型	T1 天线/尾	T3 天线/尾	通过率/%	权重
主要过鱼对象	21	5	23.81	0.633
兼顾过鱼对象	22	4	18.18	0.283
其他鱼类	14	3	21.43	0.083

8.5.7　通过时间/延迟率

根据不同类型鱼类通过鱼道的时间情况，将平均值定义为各类型鱼类通过鱼道的临界通过时间，超过该时间通过的为通过延迟。通过时间统计分析结果见表 8.5.8。主要过鱼对象、兼顾过鱼对象和其他鱼类的通过延迟率分别为 60.00%、50.00%和 33.33%，根据各自的权重，最终整体通过延迟率为 54.90%。

表 8.5.8　各类型鱼类延迟通过鱼道情况一览表

放鱼类型	临界通过时间/h	通过数量/尾	延迟通过数量/尾	延迟率/%	权重
主要过鱼对象	29.04	5	3	60.00	0.633
兼顾过鱼对象	30.40	4	2	50.00	0.283
其他鱼类	37.7	3	1	33.33	0.083

8.5.8　鱼道通过性分析

（1）从不同类型的过鱼对象进入、过坝及通过鱼道的情况来看，综合进入率为 58.63%，综合过坝率为 57.89%，综合通过率为 22.00%。

（2）本书仅在鱼道单一运行工况下（仅 1#进鱼口和 1#出鱼口开启，补水系统未发挥作用的状态下）开展相关试验研究，未考虑鱼道不同运行工况下的试验状况，导致最终的过鱼效果评估具有一定局限性。

（3）试验过程中，射频识别设备监测效果极易受到标签冲突的影响，即多尾标记鱼类同时通过标签时会遗漏监测部分或全部标签信号，除此之外标签在鱼体内还存在脱落风险以及对鱼类敏感器官产生不良影响，这些因素都可能导致监测数据缺失，低估过鱼效果。

（4）试验对象包含了主要过鱼对象、兼顾过鱼对象和其他鱼类，上述鱼类的洄游时间基本包含了主要繁殖季节 3～6 月；而试验监测工作仅在不足一个月内完成，难以覆盖众多鱼类的洄游期，导致很多标记对象尚未在洄游期通过鱼道，故其洄游行为受到鱼类内在机理的影响，进而可能低估了过鱼效果。

（5）评价指标中，临界进入时间、临界过坝时间和临界通过时间的确定存在较大的主观因素，这可能导致对应指标结果出现偏差。

综合试验结果来看，金沙鱼道过鱼效果不仅与鱼道内流速、鱼道运行工况、鱼道的设计等外在因素有关，可能还与影响鱼类洄游、上溯和游泳等行为的内在生理因素关系，后期需重点加以关注和研究。

8.6　鱼道过鱼效果监测

8.6.1　运行工况

2021 年 5 月至 6 月金沙江攀枝花段流量约 965.2 m³/s，最大流量 1 500 m³/s，最小流量 526 m³/s。上游平均水位 1 021.26 m，最低水位 1 019.64 m，最高水位 1 022.31 m；下游平均水位 999.14 m，最低水位 997.99 m，最高水位 1 003.22 m。

2022 年 5 月金沙江攀枝花段最大流量 3 640 m³/s，最小流量 571 m³/s。上游最低水位 1 018.73 m，最高水位 1 022.14 m；下游最低水位 997.25 m，最高水位 1 004.02 m。

8.6.2　竖缝尺寸及池室流速监测

1. 竖缝尺寸复核

2021 年 3 月 13 日对鱼道设计符合性进行了初步测量，重点测量了坝下淹水区域以上位置鱼道池室竖缝宽度，挡板墩头外长、墩头宽及墩头内长，并对池室的竖缝角度、池室宽度及长度进行了符合性观察，总共勘查池室 326 个。

鱼道池室竖缝宽度平均值 40.7 cm，最大值 92 cm，最小值 19 cm，其中有 35 个池室的竖缝宽度在 30 cm 以下，有 158 个池室的竖缝宽度在 40 cm 以下。

金沙水电站鱼道为隔板竖缝式，结构上对鱼类影响最大的是池室的竖缝，并且竖缝宽度越小，壅水作用越明显，导致该处流速增加，且大规格的鱼类不易通过竖缝。

2. 池室流速监测

2022 年 4 月 2 日上游运行水位 1 020.32 m 时，鱼道正常池竖缝流速约 0.9 m/s，鱼道运行流量约 0.68 m³/s。2022 年 7 月 30 日上游运行水位 1 021.21 m 时，鱼道正常竖缝流速约 1.08 m/s，鱼道运行流量约 1.38 m²/s，根据金沙江鱼类游泳能力，鱼道的流速情况未超过目标鱼类克流能力，下游鱼类可以正常上溯穿过鱼道。

8.6.3　鱼道水下视频观测

利用水下视频设备对鱼道出口断面进行监测，分别统计监测断面的过鱼时间、种类、数量、规格和通行方向等数据。2021 年 4 月 14 日至 6 月 10 日，2022 年 2 月 24 日至 3 月 10 日和 2022 年 3 月 31 日至 6 月 10 日水下视频监测在水质较为清澈时进行，每天监测 5～6 小时。水下视频监测设备包括摄像系统和录像系统，摄像系统由水下摄像头和传导线组成，安装在鱼道出口位置，通过水下摄像监测鱼道出口鱼类上溯至大坝上游库区现象，并统计鱼类数量和大致种类。

依据 2021 年 4 月 14 日至 6 月 10 日的水下视频资料，全日 24 h 观测并统计过鱼数量，由于 4 月 18 日至 5 月 5 日出鱼口有关闸行为，鱼道池室干枯，故对该阶段数据不进行统计分析。观测结果表明：4 月日均过鱼量约 64 尾，5 至 6 月日均过鱼量约 105 尾，总体日均过鱼量约 104 尾，最大日过鱼量在 6 月 4 日，达到 237 尾。

选取过鱼数量较高的阶段（2022 年 4 月 21 日至 2022 年 5 月 26 日）的数据，日过鱼数量最高的时候在 4 月 30 日，达到 377 尾，平均日过鱼数量 78 尾。

选取日过鱼数量最高的时间（4 月 30 日、5 月 12 日），分析其每小时过鱼数量分布，结果表明，每日 11 点至 14 点是过鱼高峰期。

从过鱼种类来看，可以鉴定出的种类包括中华金沙鳅、前鳍高原鳅、麦穗鱼、鳘、鲤、高体鳑鲏、齐氏罗非鱼、泥鳅共计 8 种，还有 3 种鱼类仅能鉴定到属：鲇鱼属、鰕虎鱼属和白甲鱼属。

从各种类数量占比来看，过鱼数量最多的种类是中华金沙鳅，约占 62%，其次是前鳍高原鳅和鳌，分别占比 27% 和 8%。

8.6.4　鱼道进口集诱鱼能力分析

鱼道进鱼口布置在距离电站厂房下游较近的岸边，采用 3 个进鱼口的"多进鱼口"且增设补水系统的布置形式。考虑下游银江水电站建成后对金沙水电站下游的影响，鱼道设置有 3 个进口。

金沙水电站鱼道下游进鱼口的布置需综合考虑电站尾水渠的水位变化、河流动力学特性、鱼类洄游路线，以及河岸地形条件等因素。由于金沙水电站厂房和左岸形成了天然的集鱼区，将鱼道进口布置在距离电站厂房下游较近的岸边，采用 3 个进鱼口的"多进鱼口"且增设补水系统的布置形式。鱼道进口段采用整体"U"形结构，均朝向下游，每个进鱼口设置 1 道垂直起降的平板式检修闸门。进鱼口段净宽 30 m，墙顶高程为 1 003.00 m，底板厚 2.0 m。

2021 年 4 月 14 日～6 月 10 日和 2022 年 4 月 21 日～5 月 26 日（运行状况：仅鱼道 1#进鱼口打开）的坝下水位与日过鱼数量进行相关性分析，结果表明坝下水位与日过鱼数量相关性不显著（$P = 0.45$）。将坝下水位与日过鱼数量进行非线性拟合，依据拟合曲线，日过鱼数量随坝下水位的增加，先增加后下降，当坝下水位 999.59 m 时，日过鱼量最大；当坝下水位小于 1 003.43 m 时，日过鱼数量大于最大值的 50%；当坝下水位小于 1 002.30 m 时，日过鱼数量大于最大值的 75%。从金沙水电站鱼道的地形来看，过低水位导致鱼道内水深下降，过高水位导致鱼道进口流速下降，两者均将导致鱼道进口集诱鱼效果下降。

监测阶段大坝下游最低水位 997.25 m，较 1#进鱼口底板高程高 3.25 m，电站正常运行状况下，大坝下游水位满足最低要求；当坝下水位小于 1 002.30 m 时（运行状况：仅鱼道 1#进鱼口打开），鱼道处于高峰过鱼期；当坝下水位大于 1 002.30 m 时（运行状况：仅鱼道 1#进鱼口打开），鱼道日过鱼数量下降幅度增加，建议只运行 3#进鱼口。从 2021～2022 年 5～7 月坝下水位情况及鱼道运行状况分析，进鱼口的运行不适宜，主要是大部分时间 1#进鱼口打开，而 1#进鱼口平均水深超过 5 m，没有补水的情况，测量流速仅为 0.4 m/s。容易受坝下漩涡的影响，实际上进鱼口流速有时达不到鱼类的感应流速，鱼类难以寻找到进鱼口。如果运行 2#进鱼口（底部高程 996 m），可以降低进鱼口水深到 3 m 左右，但 2#进鱼口与集鱼渠直接连通，没有补水的情况下反而影响过鱼效果。2021～2022 年都有部分时段需要开启 3#进鱼口。

从金沙水电站坝上、坝下水位的变动情况分析，鱼道运行对坝下水位的适应可以通过不同的进鱼口。从鱼道池室、进鱼口及坝下流场状况分析，进鱼口存在流速低，容易受发电尾水漩涡的影响。这导致鱼类难以寻找到进鱼口。观测期间没有观测到鱼类在进鱼口聚集。总体上，坝下水位波动大，且频繁，实际上需要操作不同的进鱼口及进行补水。

结合 2021～2022 年的各方面监测数据，进鱼口及出鱼口的设置都比较合理，关键点在水电站的生产与鱼道运行相协调，避免水位剧烈波动。

8.6.5　鱼道过鱼效果分析

2021 年 4～6 月，鱼道过鱼数量总体呈上升趋势（图 8.6.1），过鱼高峰期在 5 月和 6 月，其中 2021 年 6 月过鱼数量约 3 720 尾；2022 年 4～5 月，鱼道过鱼数量呈上升趋势，2022 年 5 月过鱼数量约 2 542 尾。从过鱼数量来看，金沙水电站鱼道已具有一定的过鱼效果。

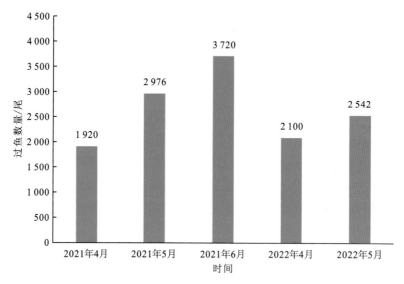

图 8.6.1　鱼道过鱼数量

参 考 文 献

蔡焰值, 蔡烨强, 何长仁, 等, 2003. 岩原鲤的生物学初步研究[J]. 水利渔业(4): 17-19, 21.

褚新洛, 陈银瑞, 等, 1989. 云南鱼类志（上）[M]. 北京: 科学出版社.

褚新洛, 陈银瑞, 等, 1990. 云南鱼类志（下）[M]. 北京: 科学出版社.

丁瑞华, 1994. 四川鱼类志[M]. 成都: 四川科学技术出版社.

高少波, 唐会元, 乔晔, 等, 2013. 金沙江下游干流鱼类资源现状研究[J]. 水生态学杂志, 34(1): 44-49.

梁银铨, 胡小建, 黄道明, 等, 1999. 长薄鳅生物学的某些资料[J]. 水利渔业(1): 8.

梁银铨, 胡小健, 黄道明, 等, 2007. 长薄鳅年龄与生长的研究[J]. 水利渔业(3): 29-31.

刘健康, 1999. 高级水生生物[M]. 北京: 科学出版社.

曲焕韬, 刘勇, 鲁雪报, 等, 2016. 长江上游长鳍吻鮈（*Rhinogobio ventralis*）*Rhinogobio ventralis* 的个体繁殖力[J]. 水产学杂志, 29(4): 17-22.

水利部交通部南京水利科学研究所, 1982. 鱼道[M]. 北京: 电力工业出版社.

王义川, 2019. 竖缝式鱼道过鱼效果评价指标体系与问题池室诊断方法初步研究[D]. 宜昌: 三峡大学.

吴江, 吴明森, 1990. 金沙江的鱼类区系[J]. 四川动物(3): 23-26.

熊美华, 邵科, 史方, 等, 2012. 乌江泉水鱼个体生殖力的研究[J]. 水生态学杂志, 33(5): 41-46.

熊美华, 史方, 郑海涛, 等, 2016. 乌江思南泉水鱼的年龄与生长研究[J]. 水生态学杂志, 37(4): 78-83.

杨志, 唐会元, 朱迪, 等, 2014. 金沙江干流攀枝花江段鱼类种类组成和群落结构研究[J]. 水生态学杂志, 35(5): 43-51.

中国科学院青藏高原综合科学考察队, 1998. 横断山区鱼类[M]. 北京: 科学出版社.

中国科学院中国动物志编辑委员会, 2018. 中国动物志-硬骨鱼纲 鲇形目[M]. 北京: 科学出版社.

BLAKE R W, 1983. Functional design and burst-and-coast swimming in fishes[J]. Canadian journal of zoology, 61(11): 2491-2494.

CASTRO-SANTOS T, HARO A, 2000. Optimal sprint speeds of fish traversing velocity barriers: further thoughts on burst-swimming data[J]. American zoologist, 40(6): 968.

HAMMER C, 1995. Fatigue and exercise tests with fish[J]. Comparative biochemistry and physiology part a: Physiology, 112(1): 1-20.

HERSHEY H, 2021. Updating the consensus on fishway efficiency: A meta‐analysis[J]. Fish and fisheries, 22(4): 735-748.

KORSMEYER K E, STEFFENSEN J F, HERSKIN J, 2002. Energetics of median and paired fin swimming, body and caudal fin swimming, and gait transition in parrotfish (*Scarus schlegeli*) and triggerfish (*Rhinecanthus aculeatus*) [J]. Journal of experimental biology, 205(9): 1253-1263.

WEBB P W, 1971. The swimming energetics of trout. II. oxygen consumption and swimming efficiency[J]. Journal of experimental biology, 55(2): 521-540.

附　表

金沙水电站工程特性表

序号及名称	单位	数量	备注
一、水文			
1. 流域面积			
全流域	万 km²	47.32	金沙江流域
坝址以上	万 km²	25.89	
2. 利用的水文系列	年	69	1953～2021 年
3. 多年平均年径流量	亿 m³	588	1953～2021 年
4. 代表流量			
多年平均流量	m³/s	1 860	1953～2021 年
实测最大流量	m³/s	12 200	1966 年 9 月 1 日
实测最小流量	m³/s	409	1984 年 3 月 15 日
调查历史最大流量	m³/s	13 800	1924 年
设计洪水流量（$P=1\%$）	m³/s	14 200	
校核洪水流量（$P=0.1\%$）	m³/s	18 000	
5. 洪水			
设计最大洪量（24 h）	亿 m³	12.1	$P=1\%$
校核最大洪量（24 h）	亿 m³	15.3	$P=0.1\%$
6. 泥沙			
多年平均悬移质年输沙量	万 t	5 120	
多年平均含沙量	kg/m³	0.868	
实测最大含沙量	kg/m³	23.4	1991 年 9 月 16 日
推移质年输沙量	万 t	154	
二、水库			
1. 特征水位			
校核洪水位	m	1 025.30	
设计洪水位	m	1 022.00	
正常蓄水位	m	1 022.00	
死水位	m	1 020.00	
2. 正常蓄水位水库面积	km²	5.80	
3. 回水长度	km	28.9	
4. 水库容积			

序号及名称	单位	数量	备注
总库容	亿 m³	1.08	
正常蓄水位库容	亿 m³	0.85	
调节库容	亿 m³	0.112	
死库容	亿 m³	0.738	
5. 库容系数	%	0.019	
6. 调节性能		日调节	
7. 水量利用系数	%	90.7	
三、下泄流量及相应下游水位			
1. 设计洪水位时最大泄量	m³/s	14 200	—
相应下游水位	m	1 016.10	—
2. 校核洪水位时最大泄量	m³/s	18 000	—
相应下游水位	m	1 019.49	—
3. 最小流量	m³/s	480	—
相应下游水位	m	995.35	—
4. 装机满发最大引用流量	m³/s	3752	—
相应下游水位	m	1 003.31	—
四、工程效益指标			
装机容量	MW	560	—
保证出力	MW	109/207	
多年平均年发电量	亿 kW·h	21.77/25.07	不考虑/考虑龙盘调蓄
装机年利用小时数	h	3 890/4 480	
五、主要建筑物及设备			
1. 挡水建筑物形式		混凝土重力坝	—
地基特性		正长岩、砂岩	
地震基本烈度/设防烈度	度	Ⅶ度/Ⅶ度	
坝顶高程	m	1 027.00	—
最大坝高	m	66.0	—
坝顶长度	m	392.50	—
2. 泄水建筑物形式		表孔	
地基特性		正长岩、砂岩	—
堰顶高程	m	999.00	—
溢流段孔数及尺寸（孔数—宽×高）	孔数—m×m	5—14.5×23	—

序号及名称	单位	数量	备注
单宽流量	m³/(s·m)	195.9	设计洪水
	m³/(s·m)	248.3	校核洪水
消能方式		底流消能	—
表孔工作闸门			—
形式、数量	套	弧形闸门、5套	—
表孔工作闸门启闭机			—
形式、数量、容量	套、kN	液压启闭机、5套、2×4 600 kN	—
表孔事故闸门			—
形式、数量	套	平面定轮闸门、1套	—
表孔事故闸门启闭机			—
形式、数量、容量	套、kN	门机、1套、2×2 500 kN	—
设计泄洪流量	m³/s	14 200	—
校核泄洪流量	m³/s	18 000	—
3. 生态泄水孔形式		表孔	—
堰顶高程	m	1 007.00	—
孔数及尺寸（孔数—宽×高）	孔数—m×m	1—6×15	—
消能方式		底流消能	—
生态泄水孔工作闸门			—
形式、数量	套	平板定轮闸门、1套	—
生态泄水孔检修闸门			
形式、数量	套	平面滑动叠梁闸门、1套	
4. 鱼道			
上游运行水位	m	1 020.00～1 022.00	
下游运行水位	m	995.50～1 002.20	
隔板形式		单侧导竖式	
总长	m	1 486	
单个过鱼池尺寸（长×宽）	m×m	3.5×3.0	
过鱼池底坡		1：50	
进鱼口高程	m	994.00、996.00、999.00	
出鱼口高程	m	1 018.00、1 020.00	
5. 输水建筑物			
单机设计流量	m³/s	938	
进出水口形式		河床式进水口	

序号及名称	单位	数量	备注
进口底槛高程	m	988.50	
6. 发电厂房			
形式		河床式	
厂房尺寸（长×宽×高）	m×m×m	231.8×96.5×84.2	
水轮机安装高程	m	997.50	
7. 排沙孔			
进口断面尺寸（宽×高）	m×m	8.076×5	
进口底槛高程	m	975.90	
出口断面尺寸（宽×高）	m×m	6×1.85	
出口底槛高程	m	988.60	
8. 开关站			
形式		户内 GIS	
面积（长×宽）/层数	m×m/层	44×12/1	
9. 主要机电设备			
水轮机			
台数	台	4	
额定出力	MW	142.9	
额定转速	r/min	57.7	
吸出高度（额定工况）	m	−5.81	
最大水头	m	26.8	
最小水头	m	8.0	
额定水头	m	16.8	
额定流量	m³/s	938	
发电机			
台数	台	4	
额定容量	MW	140	
发电机功率因数		0.875	
10. 输电线路			
输电电压	kV	220	
回路数	回	出线 2 回，预留 1 回